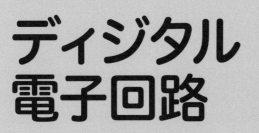

ディジタル
電子回路

前多 正 [著]

Digital
Electronic
Circuit

森北出版

●本書の補足情報・正誤表を公開する場合があります．当社 Web サイト（下記）
で本書を検索し，書籍ページをご確認ください．

https://www.morikita.co.jp/

●本書の内容に関するご質問は下記のメールアドレスまでお願いします．なお，
電話でのご質問には応じかねますので，あらかじめご了承ください．

editor@morikita.co.jp

●本書により得られた情報の使用から生じるいかなる損害についても，当社およ
び本書の著者は責任を負わないものとします．

JCOPY 〈（一社）出版者著作権管理機構 委託出版物〉
本書の無断複製は，著作権法上での例外を除き禁じられています．複製される
場合は，そのつど事前に上記機構（電話 03-5244-5088，FAX 03-5244-5089,
e-mail: info@jcopy.or.jp）の許諾を得てください．

まえがき

　現代では，複雑で緻密な情報処理はすべて，ディジタル信号をコンピュータで加工（信号処理）することで行われ，たとえば，移動体通信や自動車のエンジン制御などのほか，近年では高度な AI（人工知能）の機能も実現できるようになっている．その基盤を成すのは，論理を数学的に表すことを目的に体系化された論理演算と，それを物理的に実現したディジタル電子回路であり，これらは，もはや現在では必須の基礎知識といえる．

　一方で，論理演算，とくに論理式の簡単化などは直感的ではなく，初学者にはわかりにくい面がある．そこで本書では，基本的な論理演算やブール代数の操作を，スイッチを用いた回路動作と対比させながら説明することで，物理的なイメージを伴って理解できるようにしている．

　また現在，ディジタル電子回路のほとんどは CMOS で実装されていることから，ド・モルガンの定理などの有効性や，論理式の簡単化の必要性を，CMOS 回路と関連づけながら述べるとともに，CMOS で論理回路を設計する際に考慮すべきことに関しても記載している．一方，バイポーラトランジスタやダイオード素子を用いた回路の説明は省いた．

　さらに，加減算回路に関係する 2 進数の算術演算は，論理演算と同じく 1/0 の数字を扱うことから，混同を避けるために，加減算器を構成する論理回路の説明と同じ章にまとめた．

　また，ディジタル電子回路において，回路の状態（情報）を記憶でき，現在の入力信号を踏まえて出力が変化する順序回路では，記憶素子であるラッチおよびフリップフロップの動作だけでなく，その代表的な用途も記載した．さらには，フリップフロップの設計に関して考慮すべきポイントについて述べ，フリップフロップを用いた非同期式カウンタや同期式カウンタに関して述べている．

　最後に，森北出版の方々をはじめ，本書を執筆するにあたり，お世話になった方々に深謝いたします．

2025 年 1 月

著　者

目　次

1章　ディジタル信号とは　1

1.1　ディジタル信号とアナログ信号の違い　……………………　1
1.2　2進数とは　……………………………………………………　2
1.3　小数の2進数表現　……………………………………………　5
1.4　16進数　………………………………………………………　6
1.5　アナログ－ディジタル変換（AD変換）………………………　7
1.6　ディジタル画像　………………………………………………　9
1.7　様々な入出力インターフェイスとディジタル信号処理　………　10
演習問題　……………………………………………………………　11

2章　基本論理演算　12

2.1　命題論理と論理演算　…………………………………………　12
2.2　スイッチを用いた論理演算　…………………………………　15
2.3　ブール代数の基本法則　………………………………………　16
2.4　ベン図　…………………………………………………………　22
2.5　主加法標準形と主乗法標準形　………………………………　24
演習問題　……………………………………………………………　27

3章　論理ゲート記号と論理回路図　29

3.1　論理ゲート記号　………………………………………………　29
3.2　論理の整合　……………………………………………………　32
3.3　論理回路図の書き方　…………………………………………　33
3.4　NAND構成，NOR構成の回路　………………………………　34
演習問題　……………………………………………………………　35

4章　論理式の簡単化　36

4.1　ブール代数による簡単化　……………………………………　36

		目 次	iii

4.2	カルノー図による簡単化 ……………………………	37
4.3	クワイン - マクラスキー法 ……………………………	44
演習問題	……………………………………………………	47

5章　CMOS 論理回路　　49

5.1	MOSFET ………………………………………………	49
5.2	CMOS 構成の基本論理回路 …………………………	52
5.3	PUN と PDN …………………………………………	55
5.4	CMOS 複合ゲート ……………………………………	57
5.5	トランスミッションゲート …………………………	60
演習問題	……………………………………………………	61

6章　組み合わせ論理回路　　62

6.1	マルチプレクサとデマルチプレクサ ………………	62
6.2	比較器 …………………………………………………	67
6.3	パリティ回路 …………………………………………	70
6.4	エンコーダとデコーダ ………………………………	72
演習問題	……………………………………………………	77

7章　加減算論理回路　　78

7.1	2 進数の加算 …………………………………………	78
7.2	2 進数の減算 …………………………………………	79
7.3	補数（負の 2 進数の表現） …………………………	80
7.4	加算器 …………………………………………………	82
7.5	減算器 …………………………………………………	84
7.6	並列加算回路と並列減算回路 ………………………	86
演習問題	……………………………………………………	88

8章　順序回路　　89

8.1	順序回路の構成 ………………………………………	89
8.2	状態遷移図と状態遷移表 ……………………………	89
8.3	記憶素子（ラッチ） …………………………………	93

iv　目　次

8.4	SR ラッチと SR フリップフロップ	94
8.5	JK ラッチと JK フリップフロップ	100
8.6	D ラッチと D フリップフロップ	105
8.7	T フリップフロップ	110
8.8	順序回路の設計手順	112
	演習問題	114

9章　カウンタとレジスタ　　115

9.1	カウンタ	115
9.2	レジスタ	123
9.3	リングカウンタ	127
9.4	ジョンソンカウンタ	129
	演習問題	130

付録　XOR ゲートと XNOR ゲート　　131

A.1	CMOS 複合ゲート構成	131
A.2	CMOS トランスミッションゲート構成	133

演習問題解答　　135

索　引　　150

1章 ディジタル信号とは

最初に,ディジタル電子回路で扱われる信号の特徴について説明する.これはディジタル信号とよばれ,人間の知覚に類似したイメージとして理解しやすいアナログ信号とは,様々な点で違いがある.ディジタル電子回路においては,それらの違いを理解しておくことが重要である.

1.1 ディジタル信号とアナログ信号の違い

現実世界では,すべての物理量は連続的に変化する.これは,風の強さや川の流れの速さなどの自然現象によるものだけでなく,音楽の音色や大きさ,家庭用電源の電圧の大きさなどの人工的に作られたものも同様である.このような連続的に変化する量をアナログ量といい,アナログ量を表す信号をアナログ信号という.現実世界のアナログ量は,センサなどを用いて電圧や電流の変化として取り出し,アナログ信号で表すことができる.

アナログ信号は,信号波形そのものに情報が含まれているため,波形にひずみが生じると情報が不正確になってしまう.たとえば音声は,様々な周波数の音の強弱に比例した大きさのアナログ信号である.図 1.1(a)に,雑音がない場合のアナログ信号の例を示す.これに雑音が加わると,図(b)の青線のようになり,正しい信号が再現できなくなる.もとの信号からのずれが雑音による影響であり,たとえば

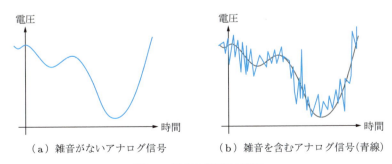

図 1.1　アナログ信号と雑音

音声信号を再生すると，ガリガリという音が入るなどといった問題が生じる．人混みなどの騒がしい状況では，話し声が聞き取りづらくなるのも同様の理由による．

一方でディジタル信号は，情報を符号により表し，その符号に信号の大きさを対応させるものである．具体的には，情報を1と0の2値符号で表し，信号の大きさが識別レベルより高い"High"のときを1に，識別レベルより低い"Low"のときを0に対応させる．図1.2のように，一点鎖線で示す識別レベルより高いか低いかだけが判定できればよいので，信号に雑音が含まれていても誤りを生じにくい．このように，ディジタル信号は雑音の影響を受けにくく，再現性に優れるという利点がある．

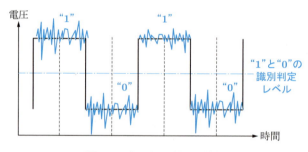

図 1.2 ディジタル信号と雑音

ディジタル信号は1と0のディジタル値を表しているが，実際の信号そのものは電圧や電流を用いており，連続的であることに注意してほしい．上述のように，現実世界の物理量はすべてアナログ量だからである．そのため実際のディジタル電子回路では，信号が連続的に変化することに伴う影響を考慮する必要がある．

1.2 2進数とは

前節で述べたように，ディジタル信号が表すのはあくまでも符号である．情報そのものは符号によって表現されており，これを符号化という．符号化とは，簡単にいえば，あらかじめ取り決めた規則に従って情報に番号づけをすることである．たとえば，濁音・半濁音などを除くひらがなの46文字を，「あ」から「ん」まで順に番号づけすれば，0〜45の数からなる数列として，ある程度の日本語文章が表現できる．

ディジタル信号では，この符号化には日常的に使われている10進数（decimal）ではなく，信号の高低に対応した1と0だけからなる数，すなわち2進数（binary）

を用いる. 表 1.1 に, 10 進数と 2 進数の対応を示す. 10 進数は 0 から 9 までの数字で表され, 1 桁目が 9 の次は 10 となり, 10 の位に桁上がりする. これに対し, 2 進数は 0 と 1 のみの数字しかないので, 1 桁目が 1 の次は「10」と桁上がりし, 「11」の次は「100」と, さらに桁上がりする. 数の表記法を記数法といい, このように数字を順に並べて表記する方法は, 位取り記数法とよばれる.

表 1.1　10 進数と 2 進数

10 進数	2 進数	7	111
0	0	8	1000
1	1	9	1001
2	10	10	1010
3	11	11	1011
4	100	12	1100
5	101	13	1101
6	110	⋮	⋮

　10 進数と 2 進数の対応を, 基数 (radix) と重み (weight) を用いて説明しよう. 基数とは各桁に記される数字の個数であり, x 進数の基数は x となる. 重みとは, その桁が「何の位」に相当するかを表し, 各桁の数字に乗じる数である. これは基数のべき乗で表現され, x 進数の y 桁目の重みは x^{y-1} となる.
　たとえば, 10 進数の 567 を, 基数と重みで表現すると次のようになる.

$$567_{10} = 5 \times 10^2 + 6 \times 10^1 + 7 \times 10^0 \tag{1.1}$$

10 進数なので, 基数は 10 である. また,「100 の位 (3 桁目)」,「10 の位 (2 桁目)」,「1 の位 (1 桁目)」の重みはそれぞれ 10^2, 10^1, 10^0 である. 左辺の下付き文字は 10 進数であることを表しており, このようにして何進数であるかを明示する.
　同様に, 2 進数の 101 を, 基数と重みで表現すると次のようになる,

$$101_2 = 1 \times 2^2 + 0 \times 2^1 + 1 \times 2^0 \tag{1.2}$$

2 進数なので, 基数は 2 である. また, 各桁の重みは $2^2 = 4$, $2^1 = 2$, $2^0 = 1$ であるから, 10 進数と同様に表現するなら「4 の位」,「2 の位」,「1 の位」である. したがって, 2 進数の 101 は, 各桁の数字に重みを乗じて, 10 進数の $1 \times 4 + 0$

$\times 2 + 1 \times 1 = 5$ となる．このように，2 進数を 10 進数へと変換するには，2 進数を基数と重みで表現し，10 進数で計算すればよい．

　一方，10 進数を 2 進数へと変換するには，図 1.3 のような方法がある．10 進数を次々と 2 で除算して，その余りを並べていく．1，2，3，…回目の除算の余りが，2 進数の 1，2，3，…桁目に対応する．図の計算例では，10 進数の 185_{10} は，8 桁の 2 進数 10111001_2 となる．

$$
\begin{array}{rll}
2\,\underline{)\,185} & \text{余り} & \\
2\,\underline{)\,92} & \cdots\cdots\ 1 & \text{1 桁目（最下位ビット）} \\
2\,\underline{)\,46} & \cdots\cdots\ 0 & \text{2 桁目} \\
2\,\underline{)\,23} & \cdots\cdots\ 0 & \text{3 桁目} \\
2\,\underline{)\,11} & \cdots\cdots\ 1 & \text{4 桁目} \\
2\,\underline{)\,5} & \cdots\cdots\ 1 & \text{5 桁目} \\
2\,\underline{)\,2} & \cdots\cdots\ 1 & \text{6 桁目} \\
1 & \cdots\cdots\ 0 & \text{7 桁目} \\
& & \text{8 桁目（最上位ビット）}
\end{array}
$$

図 1.3　10 進数から 2 進数への変換

　1 桁の 2 進数のことを 1 ビット（bit）[†]とよび，これは情報量の最小単位である．図 1.3 の 2 進数の桁数は 8 であるから，これは 8 ビットであるという．8 ビットの各桁の 1/0 の組み合わせは 2 の 8 乗，つまり 256 通りであり，0 から 255 までの整数を表せる．これを 1 バイト（byte）という．バイトは，コンピュータの記憶装置の容量などを表す単位として用いられている．

　2 進数の桁数が多いほど，表現できる情報量は大きくなる．たとえば 32 ビットパソコンの CPU は，2 の 32 乗，つまり 4294967296 通りの表現が可能なデータを処理できる．64 ビットの場合は，2 の 64 乗となり，およそ 1.8×10^{19} 通りの表現が可能なデータを扱える．

　ビットは，2 進数の各桁を指して用いられることもあり，たとえば，2 進数の 1，2，3，…桁目を 1，2，3，…ビット目などという．とくに，右端の最も小さな桁は最下位ビット（LSB：least significant bit），左端の最も大きな桁は最上位ビット（MSB：most significant bit）とよばれ，これらはコンピュータ内部における演算や，プログラミングのデータ処理において重要な役割を担っている．

---

†　bit は，binary digit の略である．また，一般的な英単語としては「小片」や「少量」という意味もある．

1.3 小数の 2 進数表現

小数を基数と重みで表現する場合は，重みの指数を負値にすればよい．たとえば，小数点以下の数字を含む 10 進数 123.45_{10} は，次のように表される．

$$123.45_{10} = 1 \times 10^2 + 2 \times 10^1 + 3 \times 10^0 + 4 \times 10^{-1} + 5 \times 10^{-2} \tag{1.3}$$

このように，小数点を境に指数の符号が負に変わることがわかる．したがって，2 進数の小数 0.1101_2 を 10 進数に変換すると，次のようになる．

$$\begin{aligned} 0.1101_2 &= 1 \times 2^{-1} + 1 \times 2^{-2} + 0 \times 2^{-3} + 1 \times 2^{-4} \\ &= 1 \times 0.5 + 1 \times 0.25 + 0 \times 0.125 + 1 \times 0.0625 = 0.8125_{10} \end{aligned} \tag{1.4}$$

一方，10 進数の小数を 2 進数へ変換するには，図 1.4 のようにすればよい．これは，図 1.3 において 2 で除算して余りを並べたように，2 を乗算して整数部を並べていくものである．図は，0.6823_{10} を 2 進数に変換する例を，小数点以下 4 桁目まで示している．整数の変換とは異なり，上位桁から下位桁へと，左から順に並べる点に注意してほしい．図の例では，$0.6823_{10} = 0.1010\cdots_2$ である．また，2 を乗算した結果がぴったり 1 になるまで計算が終わらないので，小数の場合は，有限の 10 進数が有限の 2 進数になるとは限らない．たとえば，0.1_{10} は，

$$0.1_{10} = 0.0001100110011\cdots_2 \tag{1.5}$$

という循環小数になる．これを有限のビット数で表現する際は，どこかで打ち切る

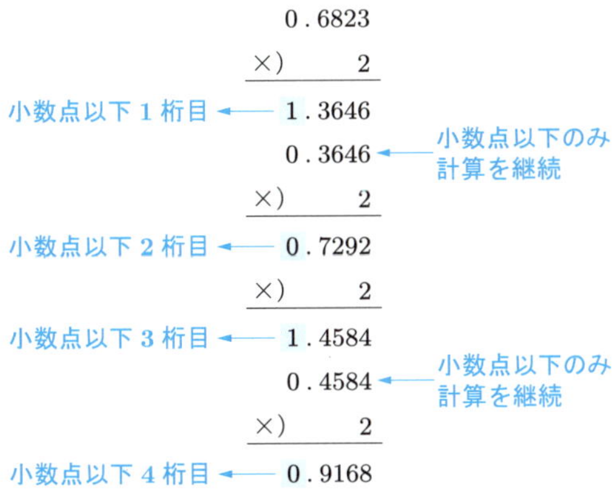

図 1.4 10 進数の小数から 2 進数の小数への変換

6   1章　ディジタル信号とは

ことになる．このように，コンピュータで小数を扱う際には誤差が生じるため，注意が必要である．

1.4　16 進数

2 進数で大きな数値を扱うと，桁数が多くなり，桁上がりが頻繁に起きて扱いにくくなるため，16 進数（hexadecimal）が利用されることも多い．表 1.2 に，10 進数と 16 進数の対応を示す．16 進数では各桁の表記に，0 ～ 9 までの数字と，10 ～ 15 の数字の代わりとしてアルファベットの A ～ F を用いる．

表 1.2　10 進数と 16 進数

10 進数	16 進数	10	A
0	0	11	B
1	1	12	C
2	2	13	D
3	3	14	E
⋮	⋮	15	F
7	7	16	10
8	8	17	11
9	9	⋮	⋮

16 進数を 10 進数と相互に変換する方法は，2 進数の場合と同様であり，16 進数の基数 16 を用いて計算すればよい．たとえば，$1B_{16}$ を 10 進数にすると，

$$1B_{16} = 1 \times 16^1 + 11 \times 16^0 = 16 + 11 = 27_{10} \tag{1.6}$$

となる．また，185_{10} を 16 進数にすると，図 1.5 のように 16 で除算した余りを並べて，$185_{10} = B9_{16}$ となる．

16 進数の小数 $0.2A_{16}$ は，10 進数にすると，

図 1.5　10 進数から 16 進数への変換

$$0.2A_{16} = 2 \times 16^{-1} + 10 \times 16^{-2} = 2 \times 0.0625 + 10 \times 0.00390625$$
$$= 0.1640625_{10} \tag{1.7}$$

となる．また，0.6823_{10} を 16 進数にすると，図 1.6 のように 16 を乗算した整数部を並べて，$0.6823_{10} = 0.AEAB\cdots_{16}$ となる．

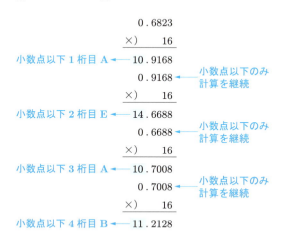

図 1.6　10 進数の小数から 16 進数の小数への変換

$16 = 2^4$ であるから，1 桁の 16 進数は 4 桁の 2 進数に相当し，$0000_2 = 0_{10} = 0_{16}, \cdots, 1111_2 = 15_{10} = F_{16}$ である．したがって，2 進数を 16 進数に変換するには，2 進数を下位から 4 桁ずつ区切って置き換えればよい．たとえば，10111001_2 は，上位 4 ビットの 1011_2 と下位 4 ビットの 1001_2 に分けて考える．$1011_2 = 11_{10} = B_{16}$，$1001_2 = 9_{10} = 9_{16}$ であるから，

$$10111001_2 = B9_{16} \tag{1.8}$$

と，比較的簡単に変換できる．

1.5　アナログ - ディジタル変換（AD 変換）

アナログ信号からディジタル信号への変換をアナログ - ディジタル変換（AD 変換）といい，その手順を図 1.7 に示す．各手順では，以下のような処理が行われる．なお，ここでは時間的に変化するアナログ信号の場合を示している．画像のように位置的に変化するアナログ信号の場合は，次節で説明する．

図 1.7　AD 変換の手順

- 標本化（sampling，サンプリングともいう）：図 1.8(a) のような連続的なアナログ信号を，図 1.8(b) のように一定の時間間隔 Δt で取り込む．Δt を標本化周期といい，その逆数 $1/\Delta t$ を標本化周波数という．このとき取り込まれる電圧の値は，図では便宜上小数点以下 1 桁目までを示しているが，実際には，たとえば 3.9163486… などとなり，有限の桁数とは限らない．

- 量子化（quantization）：図 1.8(c) のように，取り込んだ電圧値を有限の桁数の電圧値へと近似して丸める．図では，縦軸を 1 V 刻みで区切って，最も近いレベルに近似している．このとき近似による丸め誤差が生じるが，これを量子化誤差という．

- 符号化（coding）：図 1.8(d) のように，量子化の各レベルを符号に対応づけて，電圧値をその符号で表す．符号化のビット数が大きいほど量子化のレベルを細かくできるので，量子化誤差を小さくできる．この符号化のビット数を量子化ビット数という．なお，図の符号は電圧値の 10 進数をそのまま 2 進数にしたものになっているが，一般には必ずしもそうとは限らない．たとえば

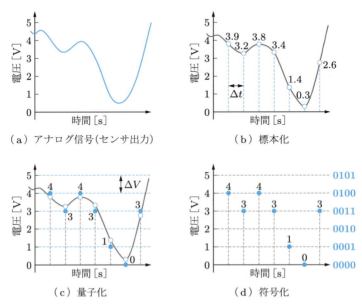

図 1.8　アナログ信号と標本化，量子化，符号化

音声信号では，人間の聴覚の特性に合わせて，小さな値ほど細かく，大きな値ほど粗いレベルで量子化することが行われる．そのような場合，各レベルの符号は電圧値そのものではなく，単にどのレベルであるかを示す番号のようなものになる．

標本化周波数を高く，量子化ビット数を大きくするほど，もとのアナログ信号に忠実にディジタル化することができるが，それだけデータ量が大きくなってしまう．たとえば一般的な音楽 CD は，標本化周波数が 44.1 kHz（1 秒間あたり 44100 回の標本化），量子化ビット数 16（2^{16} = 65536 レベルで量子化）で AD 変換され，ステレオ録音で左右のスピーカ用のデータがそれぞれ記録されるので，1 秒間あたりのデータ量は 44100 × 16 × 2 = 1411200 bit/s となっている．

音楽 CD の標本化周波数が 44.1 kHz となっているのは，標本化定理（sampling theorem）による．これは，どのような信号であっても，それに含まれる最も高い周波数成分の 2 倍を超える周波数で標本化すれば，もとの信号を正確に再現できる，というものである．人間の可聴周波数の上限はたかだか 20 kHz なので，それ以上の聴こえない高周波成分をカットしたうえで，20 kHz の 2 倍 = 40 kHz より高い周波数で標本化している．

標本化周波数の 1/2 をナイキスト周波数（Nyquist frequency）とよぶ．これを使って標本化定理を表現すると，AD 変換において，ナイキスト周波数より高い周波数成分を含む信号はひずみを生じる，ということになる．

1.6　ディジタル画像

画像は，2 次元の情報であり，色や明るさなどが位置的に変化するアナログ量である．図 1.9 は，白黒画像の AD 変換を示している．前節で時間軸を一定間隔に区切ったように，平面を格子上に区切って，各マス目の黒と白の面積比を抽出する（標本化）．次に，面積比に応じて各マス目を一様に塗りつぶす（量子化）．最後に，各

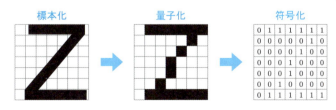

図 1.9　白黒画像の AD 変換

マス目の色を数値化して，2進数で表す（符号化）．図の例では，黒と白を1と0に対応させており，このようなディジタル画像を2値画像とよぶ．

　四角い点の集合として画像を表現するので，マス目が細かいほど，滑らかで自然な画像が表現できる．この細かさを解像度とよび，各マス目のことをピクセル（pixel：画素）とよぶ．たとえば，現在のパソコンのディスプレイは，横1920×縦1080ピクセルに区切られているのが一般的である[†]．

　カラー画像を表現するには，各ピクセルの色を色成分に分解し，それぞれの成分ごとに量子化・符号化する．ディスプレイで表示される画像はRGB（赤，緑，青）の3成分で，印刷物ではCMYK（シアン，マゼンタ，イエロー，ブラック）の4成分で表現するのが一般的である．たとえば，パソコンのディスプレイの多くは，RGBの3成分をそれぞれ8ビットずつで表し，24ビットフルカラーで画像を表示している．各成分が $2^8 = 256$ 階調で表され，3成分の組み合わせで $256^3 = 16777216$ 色の表示が可能になる．

1.7　様々な入出力インターフェイスとディジタル信号処理

　図1.10は，スマートフォンなどに代表されるコンピュータの入出力インターフェイスが扱う信号の流れを示したものである．物理量としての音声は，マイクによりアナログ信号として取り込まれ，AD変換された後，ディジタル電子回路で信号処理が施される．同様に，動きや姿勢などは加速度センサにより，電波（無線信号）はアンテナにより，アナログ信号として取り込まれ，AD変換後に処理される．出

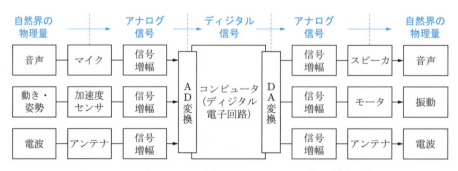

図1.10　コンピュータの入出力インターフェイスが扱う信号の流れ

[†] 実際の画像の見え方は，解像度のほかディスプレイの大きさにも依存する．これは1インチあたりのピクセル数（ppi：pixel per inch）で表される．

力時は，多くの場合，ディジタル–アナログ変換（DA 変換）によりアナログ信号となってから，対応する出力インターフェイスにより物理量に変換される．たとえば，スピーカはアナログ信号を音声として出力するものである．同様に，モータは振動（回転運動）として，アンテナは電波としてアナログ信号を出力する．入出力インターフェイスと AD 変換，DA 変換の間では，通常，それぞれ適した信号の大きさになるよう，アナログ信号の増幅が行われる．

　現在では，このようにほとんどの情報が AD 変換によりディジタル信号となって，コンピュータでディジタル信号処理されている．これは，情報を符号化して扱うことで，たとえばデータの圧縮や誤り訂正，暗号化が可能となるなど，様々な利点があるからである．このような情報の符号化に関する理論は符号理論とよばれ，米国の数学者であるシャノン（Claude Elwood Shannon）が提唱した情報理論に基づいている．

演習問題

1.1 337_{10} と 1100001_2 を，基数と重みで表現せよ．

1.2 110001101_2 の基数，最上位ビットの値とその重み，最下位ビットの値を答えよ．

1.3 0.1101111_2 を 10 進数で表せ．

1.4 0.2_{10}，0.5_{10}，0.7_{10} を，それぞれ小数点以下 10 桁までの 2 進数で表せ．

1.5 879_{10} を 2 進数と 16 進数で表せ．

1.6 DF_{16} を 2 進数と 10 進数で表せ．

1.7 10000110_2 を 10 進数と 16 進数で表せ．

2章 基本論理演算

コンピュータ内部におけるすべての処理は，与えられた課題（命題）が「真（正しい）」か「偽（誤り）」か，という二つの値を，1/0 の符号とする論理演算で実行されている．本章では，基本的な論理演算について，スイッチを用いた電気回路の動作と対比させながら説明する．

2.1 命題論理と論理演算

人間は，知識すなわち前提条件を基に，判断したり，予測したりする「思考」を行うことができる．イギリスの数学者ブール（George Boole）は，人間の思考を数値で表すことができないかと考え，1854 年に命題論理（propositional logic）と数学を融合した論理演算（logical operation）という概念を提唱した．ブールの考えた論理演算は，ブール代数（Boolean algebra）あるいは論理代数（logical algebra）ともよばれ，言葉や文章の真偽を数値（論理値）に置き換えて計算を行うものである．これにより，人間の思考の過程を数式で表現できるようになった．

命題（proposition）とは，「真（true）」か「偽（false）」かが判定できる文章などのことである．具体例で説明しよう．あなたは，家で黒いオス猫を 1 匹飼っているとする．この前提条件に対し，次の四つの命題を考える．

- 命題 A：あなたは黒い猫を飼っている．
- 命題 B：あなたはオス猫を飼っている．
- 命題 C：あなたは白い猫を飼っている．
- 命題 D：あなたは猫を 3 匹飼っている．

前提条件から，命題 A と B は真，命題 C と D は偽である．論理演算では，これを次のように表現する．

$$A = 1, \quad B = 1, \quad C = 0, \quad D = 0 \tag{2.1}$$

$A \sim D$ は，それぞれ命題 A 〜 D を表し，論理変数とよばれる．論理変数の値はそ

2.1 命題論理と論理演算 13

の命題の真偽を表し，1であれば真，0であれば偽である．これを真理値（truth value）という．ブール代数では，論理演算子を用いて論理変数を組み合わせ，複合命題（compound proposition）を作ることで，さらに複雑な命題を表現する．最も基本的な論理演算子としては，以下の3種類がある．

（1）AND 演算

論理積（logical product）ともよばれる．日本語の「かつ（and）」にあたる．たとえば，真である複合命題「あなたは黒いオス猫を飼っている．」は，「命題 A かつ B」であり，次のように表現される．

$$A \cdot B = 1 \cdot 1 = 1 \tag{2.2}$$

このように，AND 演算は四則演算における乗算記号で表される．変数どうしの演算では $AB = 1$ と省略されることが多い．本書でも，以降は省略する．AND 演算を用いた複合命題は，たとえば表 2.1 のようになる．

表 2.1 AND 演算の例

複合命題	真偽	ブール代数による表現
あなたは黒いオス猫を飼っている．	真	$AB = 1 \cdot 1 = 1$
あなたは白いオス猫を飼っている．	偽	$BC = 1 \cdot 0 = 0$
あなたは白い猫を3匹飼っている．	偽	$CD = 0 \cdot 0 = 0$
あなたは黒い猫を3匹飼っている．	偽	$DA = 0 \cdot 1 = 0$

したがって，真理値 1，0 の 2 値をとる二つの論理変数 X，Y と，それらの AND 演算の組み合わせは表 2.2 のように表される．これを真理値表（truth table）という．

AND 演算は，三つ以上の命題からなる複合命題に拡張できる．たとえば，命題 X，

表 2.2 AND 演算の真理値表

X	Y	XY
1	1	1
1	0	0
0	1	0
0	0	0

Y，Z の AND 演算は，すべての命題が真（$X = Y = Z = 1$）のとき $XYZ = 1$，どれか一つでも偽なら $XYZ = 0$ である．

(2) OR 演算

論理和（logical sum）ともよばれる．日本語の「または（or）」にあたる．たとえば，真である複合命題「あなたは黒い猫またはオス猫を飼っている．」は，「命題 A または B」であり，次のように表現される．

$$A + B = 1 + 1 = 1 \qquad (2.3)$$

このように，OR 演算は四則演算における加算記号で表される．OR 演算を用いた複合命題は，たとえば表 2.3 のようになり，真理値表は表 2.4 のように表される．四則演算とは異なり，$1 + 1 = 1$ となることに注意が必要である．

表 2.3　OR 演算の例

複合命題	真偽	ブール代数による表現
あなたは黒い猫またはオス猫を飼っている．	真	$A + B = 1 + 1 = 1$
あなたは白い猫またはオス猫を飼っている．	真	$B + C = 1 + 0 = 1$
あなたは白い猫または 3 匹の猫を飼っている．	偽	$C + D = 0 + 0 = 0$
あなたは黒い猫または 3 匹の猫を飼っている．	真	$D + A = 0 + 1 = 1$

表 2.4　OR 演算の真理値表

X	Y	$X + Y$
1	1	1
1	0	1
0	1	1
0	0	0

OR 演算も，三つ以上の命題からなる複合命題に拡張できる．命題 X，Y，Z の OR 演算は，どれか一つでも命題が真なら $X + Y + Z = 1$，すべて偽のとき $X + Y + Z = 0$ である．

(3) NOT 演算

否定（negation）ともよばれる．日本語の「ではない（not）」にあたる．たとえば，偽である命題「あなたは黒い猫を飼っていない．」は，命題 A の否定であり，

次のように表現される.

$$\bar{A} = \bar{1} = 0 \tag{2.4}$$

このように，NOT 演算はオーバーライン（バー記号）で表される．NOT 演算の真理値表は表 2.5 のようになる．

表 2.5 NOT 演算の真理値表

X	$\bar{X}$
1	0
0	1

NOT 演算は，複合命題の否定として複数の命題に拡張できる．後述するように，これは各命題の否定の論理積または論理和で表される．

2.2 スイッチを用いた論理演算

情報理論の提唱者としても知られるシャノンは，1937 年，スイッチのオン・オフを真理値に対応させると論理演算が実現できることを示し，これが数学的理論に基づいたディジタル電子回路の設計と，その応用であるコンピュータの実現につながった．

図 2.1(a) は，シャノンが考えた電気回路による AND 演算の構成である．電池と電球の間に，論理変数 A, B に対応したスイッチが直列接続されている．「スイッチオン（押す）」を真理値 1 に，「スイッチオフ（押さない）」を 0 に対応させる[†]．スイッチは，何もしなければ開いており，押されると閉じて導通する．これをノーマリーオフといい，そのようなスイッチのことを a 接点ともよぶ．この回路は，両方のスイッチがオン，すなわち A, B がともに 1 のときのみ，導通して電球が光る．

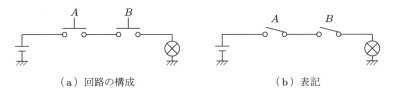

（a）回路の構成　　　　　　　　　（b）表記

図 2.1　電気回路による AND 演算の構成

[†] 「スイッチの導通が 1，非導通が 0」ではないことに注意してほしい．

電球の点灯状態を 1, 消灯状態を 0 とすれば, この回路で AND 演算を実現できることがわかる. 以降は, これを図 (b) のように表記する.

図 2.2 は, 電気回路による OR 演算の構成である. 論理変数 A, B に対応したスイッチが並列接続されている. この回路は, どちらかのスイッチが押されれば導通する. したがって, 電球は A, B がともに 0 のときのみ消灯状態で 0, その他は点灯状態で 1 となり, OR 演算を実現できることがわかる.

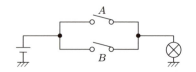

図 2.2　電気回路による OR 演算の構成

図 2.3(a) は, 電気回路による NOT 演算の構成である. この回路のスイッチは, 図 2.1, 2.2 のスイッチとは逆に, 通常時は閉じており, 押されると開いて導通が切れる. これをノーマリーオンといい, そのようなスイッチのことを b 接点ともよぶ. したがって, 電球は $A = 1$ (スイッチオン) のとき消灯状態で 0, $A = 0$ (スイッチオフ) のとき点灯状態で 1 となるので, NOT 演算を実現できることがわかる. 以降は, これを図 (b) のように表記する.

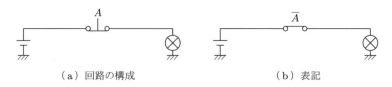

（a）回路の構成　　　　　　　　　　（b）表記

図 2.3　電気回路による NOT 演算の構成

2.3　ブール代数の基本法則

変数と演算子の組み合わせから代数式が作られるように, ブール代数では, 論理変数と論理演算子の組み合わせにより式が作られる. これを論理式とよぶ. 代数関数と同様に論理関数も定義でき, 次のように表される.

$$Z = f(A, B, C, D, \cdots) \tag{2.5}$$

ここで, A, B, C, D, $\cdots$ は論理変数であり, とり得る値は 1 か 0 のみの論理値であ

る.

　論理式の演算規則も，代数と同様の基本法則が成り立つ．括弧でくくられた内部を優先し，積（AND 演算），和（OR 演算）の順に計算を行うのも，代数式の場合と同じである．以下では，直感的に理解できるよう，スイッチを用いた回路と対比させながらブール代数の基本法則を確認していく．

(1)　0 または 1 との AND 演算，OR 演算

　論理変数 A と 0 または 1 との AND 演算は，次のようになる．

$$A \cdot 0 = 0, \quad A \cdot 1 = A \tag{2.6}$$

これらを電気回路で表現すると，図 2.4 のようになる．図(a)は，図 2.1 の AND 演算において $B = 0$ とした場合にあたる．スイッチ B はつねにオフであるから，スイッチ A の状態にかかわらず回路は導通しない．また，図(b)は，図 2.1 において $B = 1$ とした場合にあたる．スイッチ B はつねにオンであるから，スイッチ A の状態により電球の点灯・消灯が決まる．したがって，式(2.6)が成り立つ．

(a) A と 0 の AND 演算　　　　(b) A と 1 の AND 演算

図 2.4　0 または 1 との AND 演算

　また，論理変数 A と 0 または 1 との OR 演算は，次のようになる．

$$A + 0 = A, \quad A + 1 = 1 \tag{2.7}$$

これらを電気回路で表現すると，図 2.5 のようになる．図(a)は，図 2.2 の OR 演算において $B = 0$ とした場合にあたる．スイッチ B はつねにオフであるから，スイッチ A の状態により電球の点灯・消灯が決まる．また，図(b)は，図 2.2 におい

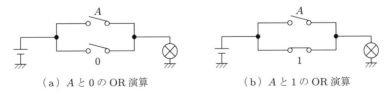

(a) A と 0 の OR 演算　　　　(b) A と 1 の OR 演算

図 2.5　0 または 1 との OR 演算

て $B = 1$ とした場合にあたる．スイッチ B はつねにオンであるから，スイッチ A の状態にかかわらず電球はつねに点灯状態となる．したがって，式(2.7)が成り立つ．

(2) 補元の関係

論理変数 A とその否定の AND 演算および OR 演算は，次のようになる．

$$A\overline{A} = 0, \quad A + \overline{A} = 1 \tag{2.8}$$

このとき，A と $\overline{A}$ は互いに補元の関係であるという．

これらを電気回路で表現すると，図 2.6 のようになる．図(a)は，図 2.1 の AND 演算において $B = \overline{A}$ とした場合にあたる．スイッチ B はスイッチ A と逆の状態にあるから，どちらかは必ず非導通となり，電球はつねに消灯状態となる．また，図(b)は，図 2.2 の OR 演算において $B = \overline{A}$ とした場合にあたる．スイッチ B はスイッチ A と逆の状態にあるから，どちらかは必ず導通となり，電球はつねに点灯状態となる．したがって，式(2.8)が成り立つ．

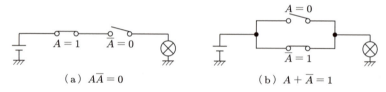

図 2.6 補元の関係

(3) べき等則（同一則）

同一の論理変数どうしの AND 演算，OR 演算は，次のようになる．

$$AA = A, \quad A + A = A \tag{2.9}$$

これらを電気回路で表現すると，図 2.7 のようになる．図(a)は，図 2.1 の AND 演算において $B = A$ とした場合，図(b)は，図 2.2 の OR 演算において $B = A$ と

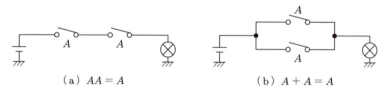

図 2.7 べき等則

した場合にあたる．スイッチ B はスイッチ A と同じ状態にあるから，どちらの回路もスイッチ A の状態だけで電球の点灯・消灯が決まる．したがって，式(2.9)が成り立つ．

(4) 交換則

次式のように，AND 演算，OR 演算において論理変数の順番を入れ替えても，同じ結果となる．

$$AB = BA, \quad A + B = B + A \tag{2.10}$$

これらを電気回路で表現すると，図2.8のようになる．図(a)は，図2.1のAND演算においてスイッチを入れ替えた場合，図(b)は，図2.2のOR演算においてスイッチを入れ替えた場合である．どちらも入れ替える前の回路と等価であるから，式(2.10)が成り立つ．

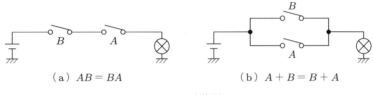

図 2.8　交換則

(5) 分配則

$$A(B + C) = AB + AC \tag{2.11}$$
$$A + BC = (A + B)(A + C) \tag{2.12}$$

式(2.11)を電気回路で表現すると，図2.9のようになる．図(a)において，スイッチ A を通る電流はスイッチ B，C のどちらにも流れるから，図(b)のようにそれぞれのスイッチとの直列接続と等価である．したがって，式(2.11)が成り立つ．

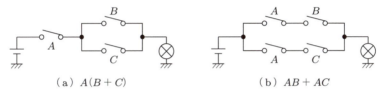

図 2.9　分配則：$A(B + C) = AB + AC$

式(2.12)を電気回路で表現すると，図2.10のようになる．これは図(b)から考えるほうがわかりやすい．図(b)において，スイッチAがオンならスイッチB，Cにかかわらず電球は点灯する．また，スイッチAがオフならスイッチB，Cがどちらもオンの場合にのみ電球は点灯する．したがって，電球が点灯するのはスイッチAがオンの場合か，またはスイッチB，Cがどちらもオンの場合である．これは図(a)の回路と等価であるから，式(2.12)が成り立つ．

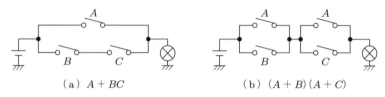

図2.10 分配則：$A + BC = (A + B)(A + C)$

(6) 吸収則

$$A(A + B) = A \qquad (2.13)$$
$$A + AB = A \qquad (2.14)$$

式(2.13)を電気回路で表現すると，図2.11のようになる．スイッチAがオンならスイッチBにかかわらず回路は導通する．また，スイッチAがオフならスイッチBにかかわらず導通しない．したがって，スイッチAの状態だけで電球の点灯・消灯が決まり，式(2.13)が成り立つ．

式(2.14)を電気回路で表現すると，図2.12のようになる．スイッチAがオンならスイッチBにかかわらず回路は導通する．また，スイッチAがオフならスイッチBにかかわらず回路は導通しない．したがって，スイッチAの状態だけで電球の点灯・消灯が決まり，式(2.14)が成り立つ．

また，その他の吸収則として，以下がある．

$$A(\overline{A} + B) = AB \qquad (2.15)$$

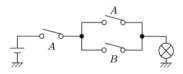

図2.11 吸収則：$A(A + B) = A$

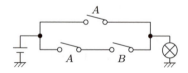

図2.12 吸収則：$A + AB = A$

$$A + \overline{A}B = A + B \tag{2.16}$$

これらを電気回路で表現すると，図 2.13 のようになる．図(a)において，スイッチ A と $\overline{A}$ はつねに逆の状態にあるので，電球が点灯するのはスイッチ A がオン，かつスイッチ B がオンの場合である．これはスイッチ A, B の直列接続と等価であるから，式(2.15)が成り立つ．また，図(b)において，スイッチ A がオンならスイッチ B にかかわらず回路は導通する．また，スイッチ B がオンなら，スイッチ A がオフでも回路は導通する．したがって，電球が点灯するのはスイッチ A がオンの場合か，またはスイッチ B がオンの場合である．これはスイッチ A, B の並列接続と等価であるから，式(2.16)が成り立つ．

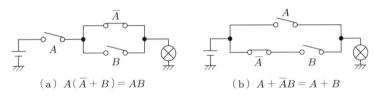

(a) $A(\overline{A} + B) = AB$ (b) $A + \overline{A}B = A + B$

図 2.13 　その他の吸収則

(7)　結合則

$$(AB)C = A(BC) \tag{2.17}$$
$$(A + B) + C = A + (B + C) \tag{2.18}$$

これらを電気回路で表現すると，図 2.14 のようになる．括弧でくくられた内部を優先して計算することは，対応するスイッチへの入力を行うことにあたる．明らかに，スイッチ A, B への入力後にスイッチ C に入力しても，スイッチ B, C への入力後にスイッチ A に入力しても，結果は同一である．したがって，式(2.17)，(2.18)が成り立つ．

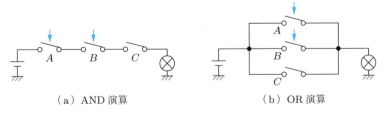

(a) AND 演算   (b) OR 演算

図 2.14 　結合則

（8） 二重否定

論理変数 A の否定をさらに否定した結果は，A に等しくなる．

$$\bar{\bar{A}} = A \tag{2.19}$$

電気回路で表現すれば，オンすると導通が切れるスイッチに，さらに逆の動きをさせることになる．これはオンすると導通するスイッチであるから，明らかに式(2.19)が成り立つ．

（9） ド・モルガンの法則

イギリスの数学者オーガスタス・ド・モルガン（Augustus de Morgan）が発見した法則である．次式のように表される．

$$\overline{AB} = \bar{A} + \bar{B}, \quad \overline{A + B} = \bar{A}\bar{B} \tag{2.20}$$

ド・モルガンの法則は，次のように論理変数が三つ以上の場合でも成り立つ．

$$\overline{ABC\cdots} = \bar{A} + \bar{B} + \bar{C} + \cdots, \quad \overline{A + B + C + \cdots} = \bar{A}\bar{B}\bar{C}\cdots \tag{2.21}$$

（10） 完全系

AND，OR，NOT の三つの演算子の組み合わせにより様々な論理関数が表現できるが，じつは，これには三つすべてが必要というわけではない．次のように，OR 演算は AND と NOT，また AND 演算は OR と NOT という演算の組み合わせで表現できる．

$$A + B = \overline{\overline{A + B}} = \overline{\bar{A}\bar{B}} \tag{2.22}$$

$$AB = \overline{\overline{AB}} = \overline{\bar{A} + \bar{B}} \tag{2.23}$$

したがって，どのような論理関数も，AND 演算と NOT 演算だけ，または OR 演算と NOT 演算だけで表現できる．このような組み合わせを完全系（complete set）という．その他の完全系としては，後述する XOR と AND の組み合わせや，NAND のみ，NOR のみなどがある．実際の回路では，とくに NAND が用いられることが多い．

2.4 ベン図

ベン図（Venn diagram）は，イギリスの数学者ジョン・ベンにより考え出された，

集合の関係を示す図である．集合論と論理演算は等価であることが知られており，そのため論理演算を視覚的にわかりやすく表現する方法として用いられる．

図 2.15 のように，論理変数を部分集合に対応させ，部分集合を表す円の内部を変数の論理値 = 1 に，外部を変数の論理値 = 0 に対応させる．定数としての論理値 1 は全体集合に対応し，図(a) のように表される．また，定数としての論理値 0 は空集合に対応し，図(b) のように表される．このとき，各種の論理演算の論理値 1 に対応する領域が，集合の演算により表される（図は青色で示している）．

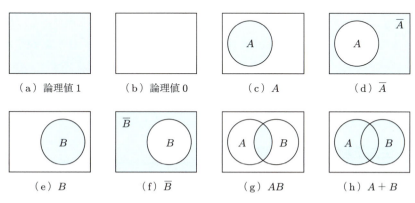

図 2.15　ベン図による論理演算の表現

たとえば，論理変数 A は図(c) のように集合 A として表され，これは上記のように $A = 1$ に対応している．また，その否定 $\overline{A}$ は図(d) のように A の補集合で表され，これは $A = 0$，すなわち $\overline{A} = 1$ に対応している．同様に，論理変数 B とその否定 $\overline{B}$ は図(e)，(f) のように表される．

論理積 AB は，図(g) のように集合 A と B の共通部分で表される．これは $A = 1$ かつ $B = 1$ に対応する領域であるから，$AB = 1$ に対応している．また，論理和 $A + B$ は，図(h) のように集合 A と B の和集合で表される．これは $A = 1$ または $B = 1$ に対応する領域であるから，$A + B = 1$ に対応している．

ベン図を用いると，ド・モルガンの法則は容易に理解できる．図 2.16(a) は，論理積 AB を表す図 2.15(g) の補集合であり，$\overline{AB}$ を表す．これは $\overline{A}$ を表す図 2.15(d) と，$\overline{B}$ を表す図 2.15(f) の和集合となっており，$\overline{AB} = \overline{A} + \overline{B}$ が成り立っていることがわかる．また，図 2.16(b) は，論理和 $A + B$ を表す図 2.15(h) の補集合であり，$\overline{A + B}$ を表す．これは図 2.15(d)，(f) の共通部分となっており，$\overline{A + B} = \overline{A}\overline{B}$ が成り立っていることがわかる．

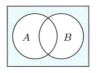

(a) $\overline{A} + \overline{B} = \overline{AB}$ (b) $\overline{A + B} = \overline{A}\,\overline{B}$

図 2.16 ベン図によるド・モルガンの法則の表現

論理式の双対性（duality）も，ベン図により容易に示すことができる．双対性とは，論理式の論理積と論理和を入れ替え，肯定と否定を入れ替えると，もとの論理式と等価になるというもので，ド・モルガンの法則はその代表的な例である．たとえば，論理積 $\overline{AB}$ を表す図 2.16(a) を論理和に入れ替えると，$\overline{A + B}$ を表す図 2.16(b) になる．次に，式全体の否定を肯定に入れ替えると，$A + B$ を表す図 2.15(h) となり，さらに各論理変数について肯定を否定に入れ替えると，$\overline{A}$ を表す図 2.15(d) と $\overline{B}$ を表す図 2.15(f) の和集合となる．これはもとの図 2.16(a) に等しい．

2.5 主加法標準形と主乗法標準形

実際のディジタル回路の設計では，ほとんどの場合，仕様（specification）として真理値表が与えられ，それを満たす論理関数として回路が動作するように設計する．真理値表を満たす論理関数の表式は様々に考えられるが，各論理変数との関係ができるだけわかりやすく表現されていると都合がよい．これには，主加法標準形および主乗法標準形が用いられる．実際の設計では，とくに前者が有効である．

2.5.1 主加法標準形

すべての論理変数を含む論理積の項を最小項（minterm）という．たとえば，論理変数が A と B の二つである場合，最小項は AB, $\overline{A}B$, $A\overline{B}$, $\overline{A}\,\overline{B}$ の 4 通りとなる．n 変数の場合は，2^n 通りである．真理値表の各変数に対応した最小項を作り，そのうち出力 $Z = 1$ である最小項の論理和をとる．これを主加法標準形（principal disjunctive canonical form）という．

表 2.6 に，2 変数の真理値表の例とその最小項を示す．真理値 1 に着目し，その変数の入力 1 の場合を肯定，入力 0 の場合を否定として最小項を表す．たとえば，入力が $A = 0$, $B = 0$ の場合の最小項は，右端の列に示されるように $\overline{A}\,\overline{B}$ である．同様にして，真理値表のすべての入力の組み合わせについて最小項を作り，出力 Z

表 2.6 真理値表の例とその最小項

A	B	Z	最小項	
0	0	0	$\bar{A}\bar{B}$	
0	1	1	$\bar{A}B$	…(1)
1	0	1	$A\bar{B}$	…(2)
1	1	0	AB	

= 1 となる最小項を取り出して論理和を作る．ここでは，(1) $\bar{A}B$ と (2) $A\bar{B}$ の二つが該当するから，主加法標準形は次のようになる．

$$Z = \bar{A}B + A\bar{B} \tag{2.24}$$

これを電気回路で表現すると，図 2.17 のようになる．この回路が導通するのは，スイッチ A がオフでスイッチ B がオンの場合か，またはスイッチ A がオンでスイッチ B がオフの場合である．スイッチ A, B がともにオフの場合も，ともにオンの場合も回路は導通しない．したがって，確かに真理値表どおりの動作をすることがわかる．

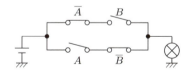

図 2.17 電気回路による式(2.24)の表現

2.2 節で述べたように，論理変数 A はスイッチオン（$A = 1$）のとき導通するスイッチ，その否定 $\bar{A}$ はスイッチオフ（$A = 0$）のとき導通するスイッチに相当する．したがって，出力 $Z = 1$ となる最小項は，回路が導通する直列接続のスイッチの組み合わせを表している．それらを並列接続すれば，どれか一つに該当する入力の組み合わせのとき回路が導通する．また，そのほかの入力の組み合わせのときは，該当する接続路が存在しないため導通しない．すなわち，回路は真理値表どおりの動作を行うことになる．

2.5.2 主乗法標準形

すべての論理変数を含む論理和の項を最大項（maxterm）といい，真理値表の出力 $Z = 0$ である最大項の論理積を，主乗法標準形（principal conjunctive canonical form）という．前項と同じ論理関数を，主乗法標準形で表してみよう．ただし，主加法標準形とは逆に，主乗法標準形では真理値 0 に着目し，入力 1 の場合を否定，入力 0 の場合を肯定として最大項を表す．表 2.7 より (1) $A + B$ と (2) $\bar{A} + \bar{B}$ の二つが該当するから，次のようになる．

$$Z = (A + B)(\bar{A} + \bar{B}) \tag{2.25}$$

表 2.7　真理値表の例とその最大項

A	B	Z	最大項	
0	0	0	$A + B$	…(1)
0	1	1	$A + \bar{B}$	
1	0	1	$\bar{A} + B$	
1	1	0	$\bar{A} + \bar{B}$	…(2)

これを電気回路で表現すると，図 2.18 のようになる．出力 $Z = 0$ である最大項は，導通しない並列接続のスイッチの組み合わせを表している．これらを直列接続すると，入力の組み合わせがどれか一つの並列接続に該当すると，回路は導通しないことになる．それ以外ではどの並列接続も導通するので，回路は導通する．したがって，真理値表どおりの動作が実現できる．

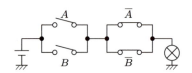

図 2.18　電気回路による式(2.25)の表現

2.5.3　XOR 演算

表 2.6，2.7 の真理値表をもつ論理演算は，XOR 演算（exclusive OR：排他的論理和）とよばれ，記号 $\oplus$ で表される．式 (2.24)，(2.25) より，

$$A \oplus B = \bar{A}B + A\bar{B} = (A + B)(\bar{A} + \bar{B}) \tag{2.26}$$

である．XOR 演算は，二つの入力を比較して，等しければ 0，異なるなら 1 を出力するような演算であり，ディジタル回路でよく用いられる．XOR 演算では交換則，結合則が成り立つ．

$$A \oplus B = B \oplus A \tag{2.27}$$

$$(A \oplus B) \oplus C = A \oplus (B \oplus C) \tag{2.28}$$

XOR演算では分配則は成り立たないが，XOR演算に対してAND演算の分配則は成り立つ．

$$A(B \oplus C) = AB \oplus AC \tag{2.29}$$

また，同一変数またはその否定とのXOR演算や，0または1とのXOR演算は次のようになる．

$$A \oplus A = 0, \quad A \oplus \bar{A} = 1 \tag{2.30}$$

$$A \oplus 0 = A, \quad A \oplus 1 = \bar{A} \tag{2.31}$$

したがって，同一の3変数，4変数のXOR演算は次のようになる．

$$A \oplus A \oplus A = A, \quad A \oplus A \oplus A \oplus A = 0 \tag{2.32}$$

このように，奇数のときA，偶数のとき0となる．

演習問題

2.1 下記の論理式を計算せよ．

(1) $Z = A + B\bar{B}$

(2) $Z = (A + B)\overline{(A + B)}$

(3) $Z = AB\,\overline{AB}$

(4) $Z = AB(\bar{A} + \bar{B})$

(5) $Z = (1 + A + B)(C + D)$

(6) $Z = (A + \bar{A})(B + C)$

(7) $Z = A + AB + AC$

2.2 ブール代数を用いて，下記の式を証明せよ．

(1) $(A + B + C)(A + \bar{B}) = A + \bar{B}C$

(2) $(A + B + C)(AB + \bar{B}C + A\bar{C}) = AB + \bar{B}C + A\bar{C}$

(3) $A\bar{B} + B = A + B$

(4) $A\bar{B}\bar{C} + A\bar{B}C + AB\bar{C} + ABC = A$

(5) $(\bar{A} + B)(A + B) = B$

(6) $A\bar{B} + ABC = A\bar{B} + AC$

(7) $(A \oplus \bar{B})C = AC \oplus \bar{B}C$

28   2章　基本論理演算

$(8)\ (A \oplus B)\,B = \overline{A}B$

$(9)\ (A \oplus B)\,(B \oplus C)\,(C \oplus A) = 0$

$(10)\ AB \oplus B \oplus AC = \overline{A}B + AC$

$(11)\ A \oplus B \oplus AB = A + B$

$(12)\ \overline{A \oplus B} = AB + \overline{A}\overline{B} = (A + \overline{B})\,(\overline{A} + B)$

2.3 下記の論理式の主加法標準形を求めよ.

$(1)\ Z = AB + BC + AC$

$(2)\ Z = (\overline{A} + B)\,(B + \overline{C})$

2.4 次の論理式の真理値表を作成せよ.

$(1)\ Z = \overline{AB}$

$(2)\ Z = \overline{A}\overline{B}$

$(3)\ Z = \overline{A}\overline{B}\overline{C} + AB\overline{C} + \overline{A}B\overline{C} + A\overline{B}\overline{C}$

(4) ド・モルガンの定理

3章 論理ゲート記号と論理回路図

　ディジタル回路は，前章で述べた基本論理演算を行う回路を組み合わせて作られる．これらの回路は論理ゲートとよばれ，各演算に対応した論理ゲート記号で表される．論理ゲート記号を用いる理由は，論理的な入出力関係のみに着目して表現することで，それらを組み合わせた回路全体の動作が把握しやすくなる利点があるためである．本章では，各種の論理ゲート記号と，それらを用いた論理回路図の表現について述べる．

3.1　論理ゲート記号

　AND 演算や OR 演算，NOT 演算などの論理演算を行う回路を，論理素子（logical element）や論理ゲート（logic gate），または単にゲートという．ディジタル回路は，各演算に対応する論理ゲート記号を用いて表現される．論理ゲート記号の表記法としては，一般的には，図 3.1 に示す米国の MIL 規格で定められていた記号（MIL 論理記号）が用いられることが多い[†]．図中の数字は，推奨される寸法の比率である．AND，OR，増幅，反転，XOR の五つの記号があり，これらを組み合わせて各種の論理ゲートを表現する．

　図 3.2 に，2 入力の場合の AND ゲート，OR ゲート，XOR ゲート記号を示す．論理ゲートは，入力信号が識別レベルより高い（H レベル，入力端子の電位が高）か，低い（L レベル，入力端子の電位が低）かの 2 値によって動作し，出力信号 Z

図 3.1　MIL 論理記号

[†]　ほかには，日本産業規格による記号（JIS 記号）などもある．

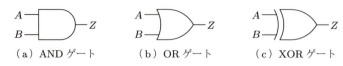

図 3.2 　基本的な論理ゲート記号

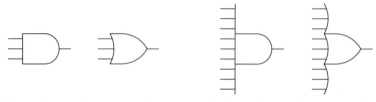

図 3.3 　多入力論理ゲート記号の例

も H レベルか L レベルかの 2 値をとる．入力が 3 以上となる場合は，図 3.3 のように記述する．

　信号のレベルと論理値の間には，2 種類の対応関係が存在する．論理値 1 を H レベルに，論理値 0 を L レベルに対応させる場合を正論理といい，H アクティブまたはアクティブ H ともよばれる．反対に，論理値 1 を L レベルに，論理値 0 を H レベルに対応させる場合を負論理といい，L アクティブまたはアクティブ L ともよばれる．

　負論理の端子には，反転記号を付けて論理ゲートを表記する．図 3.4 に，AND，OR，XOR の出力を反転した論理ゲート記号を示す．これらはそれぞれ，NAND，NOR，XNOR ゲートとよばれる．

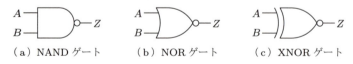

図 3.4 　NAND，NOR，XNOR ゲート記号

　正論理と負論理が混在すると，回路の動作が把握しにくい場合がある．たとえば，図 3.5 は AND ゲートの片方の入力が負論理となっている回路である．この回路は $A = 0$ で L レベル，$B = 1$ で H レベルのとき $Z = 1$ で H レベルとなる．入力 A は負論理であるが，「$A = 0$ で L レベル」であり，定義に反しているように見える．これは，負論理なのはあくまで論理ゲートへの入力だけだからである．「$A = 0$ で L レベル」の入力が，論理ゲートの入口で反転され，「$\bar{A} = 1$ で L レベル」となる．

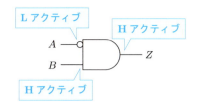

図 3.5　正論理・負論理が混在した入力をもつ回路

このような混乱を避けるには，論理ゲートの入出力がアクティブかそうでない（インアクティブ）かを考えるとよい．ANDゲートは，入力がすべてアクティブのとき出力がアクティブで，それ以外はインアクティブとなる回路である．したがって，図 3.5 の回路は，入力 A が L レベルでアクティブ，入力 B が H レベルでアクティブのとき，出力 Z が H レベルでアクティブとなる．入出力変数の論理値は，L レベルなら 0，H レベルなら 1 であり，すなわち $A = 0$, $B = 1$, $Z = 1$ となる．

その他の論理ゲートも，ANDゲートと同様に考える．ORゲートは，入力が一つでもアクティブなら出力がアクティブとなる回路であり，XORゲートは，片方の入力のみアクティブであるとき出力がアクティブとなる回路である．

正論理と負論理は，図 3.6 に示す NOT ゲートを用いて相互に変換できる．図 (a) は正論理を負論理に，図 (b) は負論理を正論理に変換する NOT ゲートである．図 3.7 のように，負論理の入出力をもつ論理ゲートは，正論理の入出力に NOT ゲートが接続された構成に置き換えることができる．

（a）正論理を負論理に変換　　　（b）負論理を正論理に変換

図 3.6　NOT ゲート

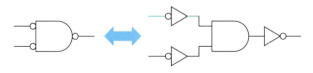

図 3.7　NOT ゲートによる負論理の入出力の置き換え

3.2 論理の整合

図 3.8 のように，負論理の出力が正論理の入力に接続された回路を考えてみよう．この回路は，正論理入力 $A \sim D$ がアクティブのとき，負論理出力 E, F はアクティブで L レベルである．しかし，入力としての E, F は正論理であり H レベルのときアクティブであるから，これらはインアクティブの入力として考えなければならない．このように，異なる論理どうしが接続されていると，アクティブ・インアクティブの状態が維持されず，回路の動作がわかりにくくなってしまう．

ド・モルガンの法則より，$\overline{EF} = \overline{E} + \overline{F}$ である．したがって，図 3.8 の回路は，等価な回路として図 3.9 のようにも書ける．この回路は，E, F がアクティブで出力されていれば入力としてもアクティブであり，アクティブ・インアクティブの状態が維持される．このように論理ゲート間の入出力論理を一致させることを，論理の整合という．

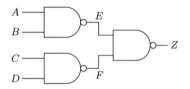
図 3.8　論理が整合していない回路

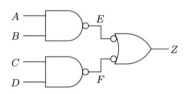
図 3.9　論理が整合した回路

図 3.9 の回路の負論理の入出力を，さらに NOT ゲートで置き換えると，図 3.10 (a) のようになる．連続した NOT ゲートは二重否定であるから省略できる．したがって最終的に，回路は図 (b) のようになることがわかる．

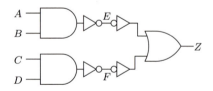
（a）負論理の入出力を NOT ゲートに変換

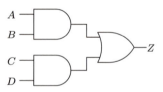
（b）二重否定の省略

図 3.10　最終的な回路

3.3 論理回路図の書き方

論理関数から論理回路図を書くには，以下のような手順で行えばよい．
(1) すべての論理変数を縦に並べる．
(2) 論理式の計算規則に従って，右側へ論理ゲート記号を配置していく．最後に出力 Z を配置する．
(3) 複数の項に現れる変数は，黒丸で表される節点を設けて分岐させ，各項に該当する論理ゲートへ接続する．

たとえば，論理関数

$$Z = AB + \bar{B}C + \bar{A}C \tag{3.1}$$

の回路図は，図 3.11(a) のようになる．論理式の計算規則に従って，まず論理積を計算し，次にそれらの論理和をとることになるので，複数の AND ゲートが一つの OR ゲートに接続された構成になる．このような構成を加法形ともいう．なお，図 3.7 に示したように，NOT ゲートが接続された入出力を負論理の入出力記号に置き換えて，図 3.11(b) のように表示してもよい．

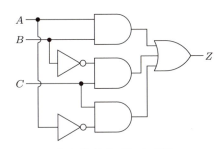 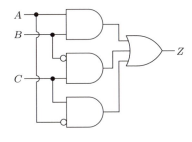

（a）論理式に従った表記　　（b）負論理の入出力記号に置き換えた表記

図 3.11　$Z = AB + \bar{B}C + \bar{A}C$

同様に，論理関数

$$Z = (A + B)(\bar{B} + C)(\bar{A} + C) \tag{3.2}$$

の回路図は，図 3.12 のようになる．この場合は，まず括弧内の論理和を計算し，次にそれらの論理積をとることになるので，複数の OR ゲートが一つの AND ゲートに接続された構成になる．このような構成を乗法形ともいう．

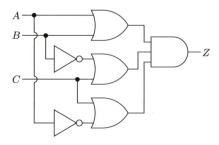

図 3.12　$Z = (A + B)(\bar{B} + C)(\bar{A} + C)$

　前章で述べたように，仕様として与えられた真理値表を満たす論理関数は，主加法標準形または主乗法標準形により得られる．したがって，そうして得られた論理関数を上記のように回路図にすれば，所望の回路が設計できることになる．

　ただし，主加法標準形や主乗法標準形では各項にすべての変数が現れるため，そのままでは回路規模が大きくなりすぎるなどの問題があることが多い．次章で説明する論理式の簡単化を行ったうえで回路図にする必要がある．

3.4　NAND 構成，NOR 構成の回路

　前章で述べたように，ド・モルガンの法則より OR 演算は AND と NOT の，AND 演算は OR と NOT の演算の組み合わせで表現できる．

$$A + B = \overline{\overline{A + B}} = \overline{\bar{A}\bar{B}}, \quad AB = \overline{\overline{AB}} = \overline{\bar{A} + \bar{B}} \tag{3.3}$$

　上式をよく見ると，OR 演算は NAND と変数の NOT，AND 演算は NOR と変数の NOT の組み合わせになっている．さらに，$AA = A$, $A + A = A$ であるから，NOT 演算も $\overline{AA} = \bar{A}$, $\overline{A + A} = \bar{A}$ として NAND または NOR で表現できる．以上から，図 3.13, 3.14 のように，どのような回路も NAND ゲートのみ，または NOR ゲートのみで構成できることがわかる．

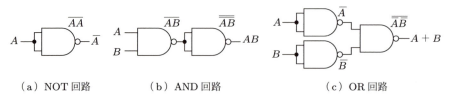

（a）NOT 回路　　　　（b）AND 回路　　　　（c）OR 回路

図 3.13　NAND ゲートによる NOT, AND, OR 回路

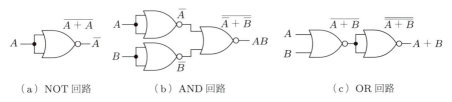

(a) NOT 回路　　(b) AND 回路　　(c) OR 回路

図 3.14　NOR ゲートによる NOT，AND，OR 回路

このように，NAND，NOR は 1 種類の論理ゲートでどのような回路も実現可能であるため，実用上のメリットが期待できる．とくに NAND は，製造コストが低いなどの利点があり，多用されている．

ただし，3.2 節でも述べたように，NAND または NOR のみの回路図では論理が整合しないので，回路動作の解析では AND，OR，NOT の組み合わせに置き換えて表現したほうがわかりやすい．図 3.15 の置き換えは，そのためによく利用される．

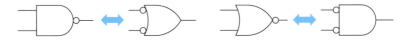

(a) NAND と負論理入力 OR　　(b) NOR と負論理入力 AND

図 3.15　NAND と負論理入力 OR，NOR と負論理入力 AND の変換

演習問題

3.1　次の論理式を回路図にせよ．
(1) $Z = AB + BC + ACD$
(2) $Z = (A + B)(B + C)(A + C + D)$
(3) $Z = (A \oplus B) \oplus (C \oplus D)$
(4) $Z = (A \oplus B)C$
(5) $Z = AB(\bar{A} + \bar{B})$
(6) $Z = A + AB + AC$
(7) $Z = (A \oplus B) \oplus AB$

3.2　次の論理式を回路図にせよ．
$$Z = A\bar{B}\bar{C} + A\bar{B}C + AB\bar{C} + ABC$$

4章 論理式の簡単化

　真理値表から求めた論理式をそのまま回路図にすると，論理ゲートが必要以上に多くなることがある．とくに，コンピュータのような大規模なディジタル回路では，製造コストや消費電力などの面からも，できるだけ少ない素子数で機能を実現することが望ましい．本章では，そのために用いられる論理式の簡単化（simplification）の手法について述べる．

4.1　ブール代数による簡単化

　論理変数が比較的少ない場合は，2章で説明したブール代数の基本法則を用いて論理式を簡単化できる．共通変数をくくり出し，$1 + A = 1$ や $A + \bar{A} = 1$ などの関係により変数を消去することが基本テクニックとなる．

　　　例1：　$Z = A + AB + AC = A(1 + B + C) = A$

　　　例2：　$Z = AB + A\bar{B} = A(B + \bar{B}) = A$

　乗法形など，括弧でくくられた論理和を含む式は分配則を用いて展開し，加法形にしてから変形する．$AA = A$ や $A\bar{A} = 0$ などを用いると変数を消去できる．

　　　例3：　$Z = (A + B)(A + \bar{B}) = AA + A\bar{B} + AB + B\bar{B}$
　　　　　　　$= A + A\bar{B} + AB = A(1 + \bar{B} + B) = A$

　論理積や論理和が否定されている場合は，ド・モルガンの法則を用いる．

　　　例4：　$Z = \overline{(\bar{A} + B)\bar{B}} = \overline{\bar{A}B + B\bar{B}} = \overline{\bar{A}B} = A + B$

　以上からわかるように，ブール代数を用いた簡単化は，様々な式変形のテクニックに習熟する必要がある．基本的な指針としては，論理式を主加法標準形で表してから，消去する変数を検討するとよい場合が多い．

　　　例5：　$Z = \bar{A}BC + A\bar{B}C + AB = \bar{A}BC + A\bar{B}C + AB(C + \bar{C})$

$$\begin{aligned}
&= \bar{A}BC + A\bar{B}C + ABC + AB\bar{C} \\
&= ABC + AB\bar{C} + ABC + \bar{A}BC + ABC + A\bar{B}C \\
&= AB(C + \bar{C}) + BC(A + \bar{A}) + AC(B + \bar{B}) \\
&= AB + BC + AC
\end{aligned}$$

この例 5 では，$C + \bar{C} = 1$ を用いて，C を含まない項を補うことで主加法標準形にしている．そのうえで，論理式が各変数の肯定のみの項と，否定を一つだけ含む項からなることに着目する．$ABC = ABC + ABC + ABC$ とできることを利用して，肯定と否定の論理和を作って変数を消去している．

4.2 カルノー図による簡単化

カルノー図（Karnaugh map）[†] は，論理式の簡単化を目的として，その入出力関係を表形式の 2 次元平面図にしたものである．視覚的に論理式を簡単化するので，式変形に慣れが必要なブール代数を用いる方法よりわかりやすいという利点がある．

4.2.1 2 変数の場合

次の論理式

$$Z = \bar{A}\bar{B} + A\bar{B} + AB \tag{4.1}$$

のカルノー図を，図 4.1(a) に示す．各変数の否定を 0，肯定を 1 に対応させて，論理式に含まれている各項に該当するセルに 1 を記入する．すなわち，図 (b) に示すように，変数 A, B の見出し行・列における「0」，「1」はそれぞれの否定と肯定を表しており，各セルはそれらの論理積である $\bar{A}\bar{B}$, $A\bar{B}$, $\bar{A}B$, AB を表している．式 (4.1) に含まれているのは $\bar{A}\bar{B}$, $A\bar{B}$, AB であるから，該当するセルに 1 が記入されている．このように，カルノー図を作成する際は，論理式が主加法標準形で表

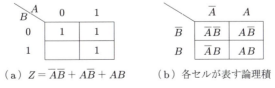

図 4.1 2 変数のカルノー図の例

[†] 1950 年代に，米国のカルノー（Maurice Karnaugh）によって発明された．

されていると都合がよい.

カルノー図による簡単化の手順は, 以下のようになる.

(1) 1が記入されたセルを, 矩形の枠で囲ってグループ分けする. このとき, 囲み枠が重複するセルがあってもよい. この例では, 図 4.2 のように, 二つのグループ ① と ② に分けられる. $A\bar{B}$ に該当するセルは重複している.

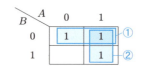

図 4.2　カルノー図による簡単化

(2) 各グループで固定されている変数の値を調べ, それに対応した論理式でそのグループをまとめて表す. この例では, グループ ① の変数 B の値は 0 で固定されており, 変数 A の値が 0 であっても 1 であっても出力 1 である. したがって, グループ ① の論理式は $\bar{B}$ で表される. これは, 枠内の論理和をとる操作, すなわち $\bar{A}\bar{B} + A\bar{B} = (\bar{A} + A)\bar{B} = \bar{B}$ というブール代数による式変形を表している.

(3) 同様に, グループ ② の変数 A の値は 1 で固定されており, 変数 B の値が 0 であっても 1 であっても出力 1 である. したがって, このグループの論理式は A で表される. これは, $A\bar{B} + AB = A(\bar{B} + B) = A$ というブール代数による式変形を表している.

(4) 最後に, すべてのグループの論理和をとる. この例では, グループ ① と ② の論理和として, 簡単化された論理式 $Z = A + \bar{B}$ が得られる.

以上からわかるように, 共通変数をもつ項の論理和をとり, $\bar{A} + A = 1$ の関係を用いて変数を消去するという式変形を, カルノー図では枠で囲んでまとめる操作として視覚的に行っていることになる. この例では $A\bar{B}$ に該当するセルが重複しているが, これは $A\bar{B} = A\bar{B} + A\bar{B}$ という式変形に対応する. 同一項はいくら論理和をとっても同じであるので, 囲み枠は重複してもよい.

4.2.2　3 変数の場合

図 4.3 に, 3 変数のカルノー図における, 各変数とそれらの論理積のセル配置を示す. 3 変数以上では, 変数を 2 組に分けて見出し行・列に振り分け, それぞれ変数のすべての組み合わせを記入する. この例では, 3 変数を AB と C に分けるので,

4.2 カルノー図による簡単化 39

	$\overline{A}\overline{B}$	$\overline{A}B$	AB	$A\overline{B}$
$\overline{C}$	$\overline{A}\overline{B}\overline{C}$	$\overline{A}B\overline{C}$	$AB\overline{C}$	$A\overline{B}\overline{C}$
C	$\overline{A}\overline{B}C$	$\overline{A}BC$	ABC	$A\overline{B}C$

図 4.3 3 変数のカルノー図のセル配置

図のように論理積の組み合わせは 2 行 × 4 列の表として表される．

変数 A と B の組み合わせは，$\overline{A}\overline{B}$，$\overline{A}B$，AB，$A\overline{B}$ の順に配置する．このようにカルノー図では，隣り合うセルは互いに 1 箇所だけ異なるように配置しなければならない[†]．

図 4.4 は，おもな囲み方のパターンを示したものである．図の例では，以下のような囲み方となっている．

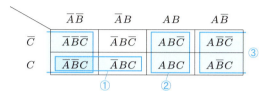

図 4.4 おもな囲み方のパターン

- グループ①：変数 A と C の値を固定し，変数 B がとり得る範囲を網羅する．
- グループ②：変数 A と B の値を固定し，変数 C がとり得る範囲を網羅する．
- グループ③：変数 B の値を固定し，変数 A, C がとり得る範囲を網羅する．

グループ③ では，$A\overline{B}$ の列と $\overline{A}\overline{B}$ の列が隣接するとみなしている．このように，カルノー図の上下端と左右端はつながっていると考えてよい．また，値を固定しない変数は 0 と 1 の両方を網羅しなければならないため，許されるセルの囲み方は縦・横どちらも 2 のべき乗となる．すなわち，この例では 1×2, 1×4, 2×1, 2×2, 2×4 のどれかであり，1×3 のような囲み方はできない．各グループは，それぞれ以下のような式変形を表している．

グループ①：　$\overline{A}\overline{B}C + \overline{A}BC = \overline{A}C(\overline{B} + B) = \overline{A}C$

グループ②：　$AB\overline{C} + ABC = AB(\overline{C} + C) = AB$

[†] 等しい長さの二つの符号列を比較したとき，「同じ位置の符号がいくつ異なっているか」を符号間距離（ハミング距離）という．すなわちカルノー図は，隣り合うセルの符号間距離がつねに 1 でなければならない．

グループ③： $A\bar{B}\bar{C} + \bar{A}\bar{B}\bar{C} + A\bar{B}C + \bar{A}\bar{B}C = \bar{B}(\bar{A} + A)(\bar{C} + C) = \bar{B}$

2変数の場合と同様に，固定された変数の値に対応した論理式で各グループが表されることがわかる．隣り合うセルが1箇所だけ異なるように配置することで，それらの論理和をとると変数の否定と肯定の論理和が作られる．これにより変数を消去して簡単化できる．

次の論理式

$$Z = ABC + \bar{A}B\bar{C} + AB\bar{C} + \bar{A}BC \tag{4.2}$$

のカルノー図を，図4.5に示す．この例では，$B = 1$が固定された2×2のグループができる．したがって，簡単化した論理式は$Z = B$である．実際にブール代数でも確認してみると，

$$\begin{aligned} Z &= ABC + \bar{A}B\bar{C} + AB\bar{C} + \bar{A}BC = B(AC + \bar{A}\bar{C} + A\bar{C} + \bar{A}C) \\ &= B(\bar{A} + A)(\bar{C} + C) = B \end{aligned} \tag{4.3}$$

となり，カルノー図から得た結果と一致する．

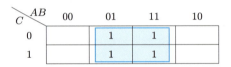

図4.5　3変数のカルノー図の例

4.2.3　4変数の場合

図4.6に，4変数のカルノー図における，各変数とそれらの論理積のセル配置を示す．4変数の場合は，このように2変数ずつに分けて4×4の表形式になる．上

	$\bar{A}\bar{B}$	$\bar{A}B$	AB	$A\bar{B}$
$\bar{C}\bar{D}$	$\bar{A}\bar{B}\bar{C}\bar{D}$	$\bar{A}B\bar{C}\bar{D}$	$AB\bar{C}\bar{D}$	$A\bar{B}\bar{C}\bar{D}$
$\bar{C}D$	$\bar{A}\bar{B}\bar{C}D$	$\bar{A}B\bar{C}D$	$AB\bar{C}D$	$A\bar{B}\bar{C}D$
CD	$\bar{A}\bar{B}CD$	$\bar{A}BCD$	$ABCD$	$A\bar{B}CD$
$C\bar{D}$	$\bar{A}\bar{B}C\bar{D}$	$\bar{A}BC\bar{D}$	$ABC\bar{D}$	$A\bar{B}C\bar{D}$

図4.6　4変数のカルノー図のセル配置

下端，左右端の隣接も含めて，どの隣り合うセルも互いに1箇所だけ異なっていることに注意してほしい．

次の論理式

$$Z = A\bar{B}\bar{C}\bar{D} + A\bar{B}\bar{C}D + \bar{A}\bar{B}CD + \bar{A}\bar{B}C\bar{D} + A\bar{B}CD + A\bar{B}C\bar{D} \tag{4.4}$$

のカルノー図を，図 4.7 に示す．この例では，$A = 1$ と $B = 0$ が固定された 4×1 のグループ ① と，$B = 0$ と $C = 1$ が固定された 2×2 のグループ ② ができる．したがって，簡単化した論理式は

$$Z = A\bar{B} + \bar{B}C \tag{4.5}$$

である．実際にブール代数でも確認してみると，

$$\begin{aligned} Z &= A\bar{B}\bar{C}\bar{D} + A\bar{B}\bar{C}D + \bar{A}\bar{B}CD + \bar{A}\bar{B}C\bar{D} + A\bar{B}CD + A\bar{B}C\bar{D} \\ &= A\bar{B}(\bar{C}\bar{D} + \bar{C}D + CD + C\bar{D}) + \bar{B}C(\bar{A}D + \bar{A}\bar{D} + AD + A\bar{D}) \\ &= A\bar{B}(\bar{C} + C)(\bar{D} + D) + \bar{B}C(\bar{A} + A)(\bar{D} + D) = A\bar{B} + \bar{B}C \end{aligned} \tag{4.6}$$

となり，カルノー図から得た結果と一致する．

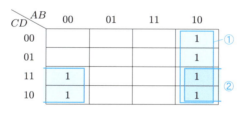

図 4.7 4 変数のカルノー図の例

4.2.4 5 変数の場合

図 4.8 に，5 変数のカルノー図における，各変数とそれらの論理積のセル配置を示す．3 変数と 2 変数に分けて，4×8 の表形式になる．この場合，4×8 の表の上下端，左右端のほか，太線で区切った 4×4 の表の左右端も隣接とみなすことに注意してほしい．このように，4×4 の表単位で上下端，左右端に隣接関係が現れる[†]．

次の論理式

[†] 正確には，最も基本的なカルノー図である 2×2 の表が単位になっている．ただし，2×2 では表の端をまたぐ必要がないので，4×4 の表単位になる．

	$\overline{A}\overline{B}\overline{C}$	$\overline{A}\overline{B}C$	$\overline{A}BC$	$\overline{A}B\overline{C}$	$AB\overline{C}$	ABC	$A\overline{B}C$	$A\overline{B}\overline{C}$
$\overline{D}\overline{E}$	$\overline{A}\overline{B}\overline{C}\overline{D}\overline{E}$	$\overline{A}\overline{B}C\overline{D}\overline{E}$	$\overline{A}BC\overline{D}\overline{E}$	$\overline{A}B\overline{C}\overline{D}\overline{E}$	$AB\overline{C}\overline{D}\overline{E}$	$ABC\overline{D}\overline{E}$	$A\overline{B}C\overline{D}\overline{E}$	$A\overline{B}\overline{C}\overline{D}\overline{E}$
$\overline{D}E$	$\overline{A}\overline{B}\overline{C}\overline{D}E$	$\overline{A}\overline{B}C\overline{D}E$	$\overline{A}BC\overline{D}E$	$\overline{A}B\overline{C}\overline{D}E$	$AB\overline{C}\overline{D}E$	$ABC\overline{D}E$	$A\overline{B}C\overline{D}E$	$A\overline{B}\overline{C}\overline{D}E$
DE	$\overline{A}\overline{B}\overline{C}DE$	$\overline{A}\overline{B}CDE$	$\overline{A}BCDE$	$\overline{A}B\overline{C}DE$	$AB\overline{C}DE$	$ABCDE$	$A\overline{B}CDE$	$A\overline{B}\overline{C}DE$
$D\overline{E}$	$\overline{A}\overline{B}\overline{C}D\overline{E}$	$\overline{A}\overline{B}CD\overline{E}$	$\overline{A}BCD\overline{E}$	$\overline{A}B\overline{C}D\overline{E}$	$AB\overline{C}D\overline{E}$	$ABCD\overline{E}$	$A\overline{B}CD\overline{E}$	$A\overline{B}\overline{C}D\overline{E}$

図 4.8　5 変数のカルノー図のセル配置

$$Z = \overline{A}\overline{B}D\overline{E} + AB\overline{D}\overline{E} + \overline{A}\overline{B}\overline{D}\overline{E} + AC\overline{D}E + \overline{A}\overline{B}D\overline{E} + ABD\overline{E} + A\overline{B}D\overline{E}$$

$$(4.7)$$

のカルノー図を，図 4.9 に示す．式 (4.7) は各項で欠けている変数があるが，それらは 0 と 1 の両方のセルに 1 を記入すればよい．確認のため式 (4.7) を主加法標準形で表すと，

$$Z = \overline{A}\overline{B}\overline{C}\overline{D}\overline{E} + \overline{A}\overline{B}C\overline{D}\overline{E} + AB\overline{C}\overline{D}\overline{E} + ABC\overline{D}\overline{E} + \overline{A}\overline{B}\overline{C}\overline{D}E + \overline{A}\overline{B}C\overline{D}E$$
$$+ ABC\overline{D}E + A\overline{B}C\overline{D}E + \overline{A}\overline{B}\overline{C}D\overline{E} + \overline{A}\overline{B}CD\overline{E} + AB\overline{C}D\overline{E}$$
$$+ ABCD\overline{E} + A\overline{B}CD\overline{E} + A\overline{B}\overline{C}D\overline{E}$$

$$(4.8)$$

となる．確かに図のとおりになることがわかる．

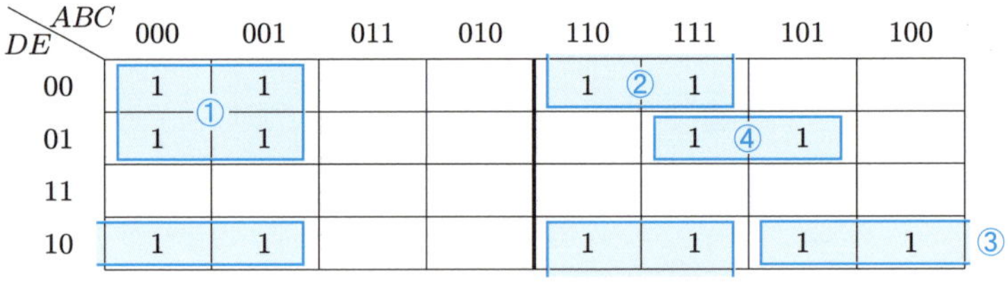

図 4.9　5 変数のカルノー図の例

この例では，$A = 0$，$B = 0$，$D = 0$ が固定された 2×2 のグループ ① と，$A = 1$，$B = 1$，$E = 0$ が固定された 2×2 のグループ ②，$B = 0$，$D = 1$，$E = 0$ が固定された 1×4 のグループ ③，$A = 1$，$C = 1$，$D = 0$，$E = 1$ が固定された 1×2 のグループ ④ ができる．したがって，簡単化した論理式は

$$Z = \overline{A}\overline{B}\overline{D} + AB\overline{E} + \overline{B}D\overline{E} + AC\overline{D}E$$

$$(4.9)$$

である．実際にブール代数でも確認してみると，

$$Z = \overline{A}\overline{B}\overline{D}(\overline{E} + E) + AB\overline{E}(\overline{D} + D) + \overline{B}D\overline{E}(\overline{A} + A) + AC\overline{D}E$$
$$= \overline{A}\overline{B}\overline{D} + AB\overline{E} + \overline{B}D\overline{E} + AC\overline{D}E \tag{4.10}$$

となり，カルノー図から得た結果と一致する．

4.2.5 ドントケア項

前項までは，各変数がとる 0，1 の値の組み合わせのすべてについて，出力が 0 か 1 のどちらかに決められることを前提としていた．しかし実際には，決して起こることがない組み合わせや，どちらの出力でもよい組み合わせを考えなければならないことがある．

たとえば，後述の加算回路で説明するように，コンピュータでは入力された 10 進数を 2 進数に変換し，その各桁の数字に論理変数を割り当てて計算を行う．テンキーで入力される 10 進数の $0 \sim 9$ は，2 進数では $0000_2 \sim 1001_2$ であるので，

表 4.1　ドントケア項を含む真理値表の例

A	B	C	D	Z	
0	0	0	0	0	
0	0	0	1	0	
0	0	1	0	1	$\cdots \overline{A}\overline{B}C\overline{D}$
0	0	1	1	1	$\cdots \overline{A}\overline{B}CD$
0	1	0	0	1	$\cdots \overline{A}B\overline{C}\overline{D}$
0	1	0	1	0	
0	1	1	0	0	
0	1	1	1	0	
1	0	0	0	1	$\cdots A\overline{B}\overline{C}\overline{D}$
1	0	0	1	1	$\cdots A\overline{B}\overline{C}D$
1	0	1	0	×	
1	0	1	1	×	
1	1	0	0	×	
1	1	0	1	×	
1	1	1	0	×	
1	1	1	1	×	

44 4章 論理式の簡単化

1010_2 〜 1111_2 は対象外である．このような組み合わせを，ドントケア（don't care）項，あるいは組み合わせ禁止項，または未定義組み合わせ項とよぶ．

ドントケア項を含む真理値表の例を表 4.1 に，そのカルノー図を図 4.10 に示す．「×」は，ドントケア項であることを表す．ドントケア項は，簡単化しやすいように考えてよい．つまり，ドントケア項のセルを 1 とすればより大きく囲める場合はそのように考え，そうでない場合は無視する．この例では，ドントケア項を含む三つのグループが考えられる．

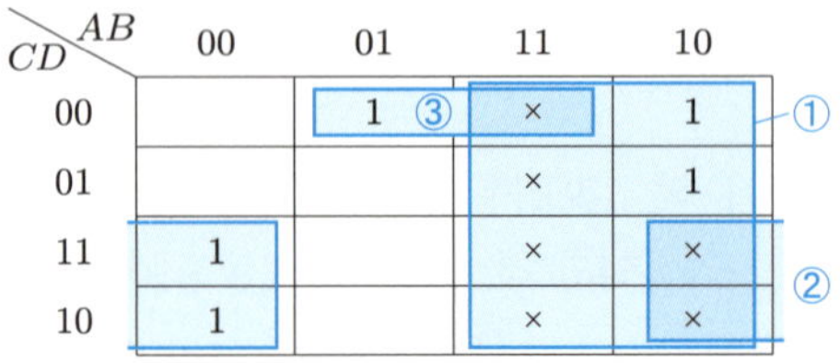

図 4.10　ドントケア項を含むカルノー図の例

グループ ① は，そのままでは 2 × 1 となる囲みを，ドントケア項が 1 であると考えることで，4 × 2 の囲みにできる．これは，$A = 1$ が固定されたグループとみなせるから，その論理式は A となる．同様にグループ ② は，そのままでは 2 × 1 となる囲みを 2 × 2 の囲みにできる．これは，$B = 0$，$C = 1$ が固定されたグループとみなせるから，その論理式は $\bar{B}C$ となる．グループ ③ は，そのままでは囲みが作れないところを，1 × 2 の囲みにできる．これは，$B = 1$，$C = 0$，$D = 0$ が固定されたグループとみなせるから，その論理式は $B\bar{C}\bar{D}$ となる．

以上の論理和をとり，簡単化された論理式は次のようになる．

$$Z = A + \bar{B}C + B\bar{C}\bar{D} \tag{4.11}$$

4.3　クワイン‐マクラスキー法

カルノー図による簡単化が行いやすいのは，論理変数の数が 5 個程度までであり，さらに多い場合には，クワイン‐マクラスキー法（Quine-McCluskey method：QM 法）[†] が用いられる．簡単化の手順が機械的であるため，アルゴリズム化してコンピュータプログラムで処理しやすい．ここでは，表 4.2 の真理値表を例に，QM 法

[†] クワイン（Willard Van Orman Quine）が提案し，マクラスキー（Edward Joseph McCluskey）が発展させた（ともに米国）．

4.3 クワイン - マクラスキー法 **45**

表 4.2 QM 法の例に用いる真理値表

A	B	C	D	Z	
0	0	0	0	0	
0	0	0	1	0	
0	0	1	0	0	
0	0	1	1	0	
0	1	0	0	0	
0	1	0	1	0	
0	1	1	0	1	$\cdots \bar{A}BC\bar{D}$
0	1	1	1	1	$\cdots \bar{A}BCD$
1	0	0	0	1	$\cdots A\bar{B}\bar{C}\bar{D}$
1	0	0	1	0	
1	0	1	0	1	$\cdots A\bar{B}C\bar{D}$
1	0	1	1	0	
1	1	0	0	1	$\cdots AB\bar{C}\bar{D}$
1	1	0	1	0	
1	1	1	0	1	$\cdots ABC\bar{D}$
1	1	1	1	0	

の手順を説明する．

(1) 真理値表から主加法標準形の論理式を求める．この例では，次のようになる．

$$Z = \bar{A}BC\bar{D} + \bar{A}BCD + A\bar{B}\bar{C}\bar{D} + A\bar{B}C\bar{D} + AB\bar{C}\bar{D} + ABC\bar{D}$$

$$(4.12)$$

(2) 図 4.11 に示すように，論理式の最小項を，肯定である変数の個数でグループ分けする．図中 [ ] 内は，肯定を 1，否定を 0 に対応させた 2 進数符号での表記である．

(3) 肯定変数の数が 1 だけ違うグループ間では，変数を 1 個消去できる可能性がある．そこで，そのようなグループ間で最小項をすべて比較して，簡単化できないか調べていく．この例では，[1000] を [1010]，[0110]，[1100]と比較し，次に [1010] を [0111]，[1110] と比較し，…と，上から順に比較していく．

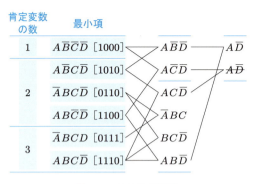

図 4.11 QM 法の手順

(4) 簡単化できた場合は，もともとの最小項が何であったかを記録しておく．図ではこれを，項どうしを結ぶ線として表している．簡単化された項どうしを同様に比較し，さらに簡単化できないか調べる．この過程を，簡単化できる項がなくなるまで繰り返す．また，簡単化の過程で重複する項が生じた場合は，一つだけを残して削除する．

(5) 簡単化できない項は主項（prime implicit）とよばれ，最終的な論理式の項の候補となる．ただし，これは一つの最小項から複数生じる場合があるため，すべての主項が必要とは限らない．そこで，表 4.3 のような，最小項と主項の対応関係を示す主項表を作成する．

表 4.3 主項表

最小項	主項 $A\overline{D}$	主項 $\overline{A}BC$	主項 $BC\overline{D}$
$A\overline{B}\overline{C}\overline{D}$	●		
$A\overline{B}C\overline{D}$	●		
$\overline{A}BC\overline{D}$		●	○
$AB\overline{C}\overline{D}$	●		
$\overline{A}BCD$		●	
$ABC\overline{D}$	●		○

(6) ある最小項に対して主項がただ一つしか存在しない場合，その主項は不可欠であり，必ず選択しなければならない．最終的な論理式にその主項が含まれなければ，もとの式に含まれているはずの最小項が存在しないことになって

演習問題　　**47**

しまうからである．これを必須主項といい，表 4.3 ではそのような対応関係を青丸で示している．各主項の列に青丸があるとき，その主項は必須主項である．この例では，$A\bar{D}$ と $\bar{A}BC$ が該当する．

(7) 必須主項が対応している最小項を調べ，対応していない最小項については，項数が最も少なくなるような主項を選択する．この例では，必須主項をもたない最小項 $\bar{A}BC\bar{D}$ と $ABC\bar{D}$ も，それぞれ必須主項 $\bar{A}BC$ と $A\bar{D}$ が対応関係にある（表では黒丸で示している）．したがって，そのほかの主項を選ぶ必要はない．

(8) 最後に，選択された主項の論理和をとる．したがってこの例では，論理式は

$$Z = A\bar{D} + \bar{A}BC \tag{4.13}$$

と簡単化される．

QM 法でドントケア項を考慮する場合は，最小項にドントケア項も含めて，上記と同じ手順をとればよい．ただし，主項表はドントケア項を除いて作成し，ドントケア項にしか対応していない主項も削除する．

演習問題

4.1 下記の論理式を，ブール代数により簡単化せよ．

(1) $Z = A + \bar{A}B + BC$

(2) $Z = (\bar{A} + B + \bar{C})(\bar{A} + \bar{B} + \bar{C})$

(3) $Z = (A + \bar{C})(\bar{A} + B + C)$

(4) $Z = (A + B)(\bar{B} + C)(A + \bar{C})$

4.2 下記の論理式を，カルノー図により簡単化せよ．

(1) $Z = A\bar{B}C + ABC + \bar{A}CD + A\bar{C}$

(2) $Z = A\bar{B} + A\bar{C}\bar{D} + C + \bar{A}\bar{B}D + B\bar{C}D$

(3) $Z = \bar{A}\bar{B}\bar{D} + A\bar{B}C\bar{D} + \bar{A}B\bar{C} + AB\bar{C} + A\bar{B}\bar{C}\bar{D} + BCD$

(4) $Z = \bar{A}BC + \bar{A}\bar{B}CD + A\bar{C}D + A\bar{B}\bar{C}\bar{D}E$

(5) $Z = (A + \bar{B})(B + \bar{C})(C + \bar{D})$

(6) $Z = (A + C)(B + \bar{C} + D)$

4.3 下記の論理式を，カルノー図により簡単化せよ．なお，$A\bar{B}\bar{C}\bar{D}\bar{E}$ および $\bar{A}\bar{B}CE$ はドントケア項とする．

$$Z = \bar{A}BC + \bar{A}\bar{B}C\bar{E} + A\bar{C}D + A\bar{B}C\bar{D}\bar{E}$$

4.4 下記の論理式を，QM 法により簡単化せよ．

48   4章　論理式の簡単化

$$Z = \bar{A}B\bar{C} + \bar{A}BCD + \bar{A}\bar{B}D + AB\bar{C}$$

4.5 下記の論理式を，QM 法により簡単化せよ．なお，$A\bar{B}C\bar{D}$ および $ABC\bar{D}$ はドントケア項とする．

$$Z = (A + B)(\bar{B} + C)(\bar{C} + D)$$

5章 CMOS 論理回路

前章までに述べたブール代数を用いた論理回路の設計や簡単化手法を用いれば、様々な論理回路素子を小型のパッケージにまとめた市販の汎用ロジック IC（integrated circuit、集積回路）をプリント基板などに実装して、6 章以降で説明する論理機能ブロックを設計できる。また、プログラムにより構成を設定できるようにした集積回路である、FPGA（field-programmable gate array）を用いた設計にも同様に応用できる。

一方で、集積回路そのものを設計・製造するうえでは、論理回路を物理的にどうやって実現するかが重要である。これには半導体素子が使われており、以前はバイポーラトランジスタやダイオードなどで実現されていたが、現在では、ほとんどの集積回路が MOSFET を用いた CMOS 構成により実現されている。本章では、その基本的な考え方について説明する。

5.1 MOSFET

MOSFET（metal-oxide-semiconductor field effect transistor）の断面構造を図 5.1 に示す。図中の n は電子が多い n 型半導体、p はホール（正孔）が多い p 型半導体を表す。これらは、材料のシリコンに不純物を添加（ドーピング）することで作られ、上付きのプラス、マイナス記号はその濃度の高低を表す。

n 型 MOSFET（n-MOS）および p 型 MOSFET（p-MOS）の 2 種類があり、

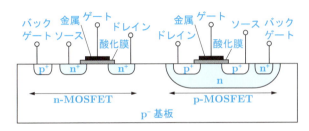

図 5.1　MOSFET の構造

50   5章　CMOS 論理回路

一般に，どちらも p 型シリコン基板上に形成される．n-MOS では，基板表面に酸化膜と金属を堆積した後，不要部分を除去してゲート（gate）領域を形成する．その後，リンなどの n 型不純物を高濃度にイオン注入して，n⁺のソース（source）およびドレイン（drain）領域を形成する．また，基板の電位変動の影響を取り除くためのバックゲート（back-gate）端子を，ホウ素などの p 型不純物を高濃度にイオン注入することで p⁺領域として形成する．p-MOS では，まず p 型シリコン基板上に，ウェルとよばれる n 型の領域を形成したうえで，そこに n-MOS と同様の手順で，n 型と p 型を逆にした構造を形成する．

　n-MOS の場合の MOSFET の動作原理は，以下のようになる．ゲート・ソース間に電圧を印加して，ゲートをソースより高電位にすると，ゲート電極直下に電子が引き寄せられる．ゲート・ソース間電圧がしきい値電圧（threshold voltage）より高くなると，引き寄せられた電子で n 型に反転した層が，ソース・ドレイン間に形成される．そのうえでドレインをソースより高電位にすると，反転層が通路（チャネル，channel）となって電子がソースからドレインに移動し，逆向きの電流が流れる†．

　p-MOS も同様の原理であるが，電流を担うのはホールとなる．ゲート・ソース間に n-MOS の場合とは逆向きの電圧（負電圧）を印加して，ゲートをソースより低電位にすると，ゲート電極直下にホールが引き寄せられる．ゲート・ソース間電圧がしきい値電圧より低くなると p 型反転層によるチャネルが形成され，そのうえでドレインをソースより低電位にすると，ソースからドレインに向かってホールが移動し，電流が流れる．

　このように，MOSFET は各端子の電位の高低関係によって動作するため，基板の電位が変動するとその影響を受けてしまう．これを防ぐため，バックゲート端子を n-MOS では回路の最低電位に，p-MOS では回路の最高電位に接続する．このようにバックゲート電位を設定することで，n-MOS と p-MOS の素子間分離もできる．

　通常，MOSFET はゲート・ソース間電圧が 0 V のときは電流が流れないように作られており，これをエンハンスメント型という．しきい値電圧を調整して，ゲート・ソース間電圧が 0 V のときでも電流が流れるようにしたディプレッション型

---

†　MOSFET の動作と各端子の名称は，水路にたとえると覚えやすい．電子またはホールの流れが，供給口（source）から水門（gate）で制御される水路（channel）に入り，排出口（drain）から出ていくイメージである．

とよばれるものもあるが，実際に使われることは少ない．

MOSFET のソースおよびゲートの電位と，そのときの MOSFET の導通状態を
表 5.1 に示す．ここでは説明をわかりやすくするため，電位 0 を L，しきい値電圧
より高い電位を H として単純化してある．

表 5.1　ソースおよびゲートの電位と MOSFET の導通状態

MOSFET の種類	n-MOS		p-MOS	
ソース電位	L	L	H	H
ゲート電位	L	H	L	H
導通状態	オフ	オン	オン	オフ

n-MOS は，ゲート電位をソース電位より高くすることでオンするので，ソース
電位を L に保ち，ゲート電位が L のときオフ，H のときオンとなるようにする．
逆に p-MOS は，ゲート電位をソース電位より低くすることでオンするので，ソー
ス電位を H に保ち，ゲート電位が H のときオフ，L のときオンとなるようにする．
ゲート電位を入力信号として，電位 H を論理値 1，電位 L を論理値 0 に対応させ
ると，n-MOS は入力 $A = 1$ で導通するスイッチ A，p-MOS は入力 $A = 0$ で導通
するスイッチ $\bar{A}$ にあたることがわかる．

　同様のスイッチ動作を行う素子は，抵抗とダイオードの組み合わせや，バイポー
ラトランジスタでも実現可能である．しかし，これらは電流の大小によって動作す
る素子であり，消費電力が大きい．これに対し，MOSFET は酸化膜で絶縁されて
いるゲートに電流が流れず，その電位の高低で動作するため，消費電力を小さくす
ることができる．

　MOSFET の回路記号の例を，図 5.2 に示す．このように，文献によって様々に
表記が異なる．また，エンハンスメント型とディプレッション型の違いは図 5.3 の
ように表されるが，上記のように実用上はほとんどがエンハンスメント型であるた
め，とくに区別せずに両者を同じ記号で表すことがある．本書でも，MOSFET は

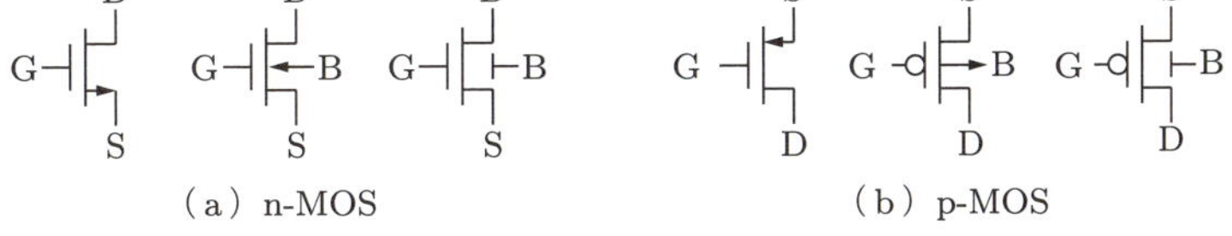

（a）n-MOS　　　　　　　　　　（b）p-MOS

図 5.2　MOSFET の回路記号

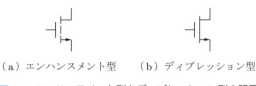

(a) エンハンスメント型　　(b) ディプレッション型

図 5.3　エンハンスメント型とディプレッション型の記号

すべてエンハンスメント型とする．

5.2　CMOS 構成の基本論理回路

　MOSFET は，互いに相補的な動作を行う n-MOS と p-MOS を組み合わせて用いることで，さらに消費電力が小さい構成にできる．これを CMOS（complimentary MOS：相補型 MOS）という．まず，最も基本的な NOT 回路を例に，CMOS 構成の特徴について説明した後，実用上重要な NAND 回路および NOR 回路を取り上げる．

5.2.1　CMOS 構成の NOT 回路

　図 5.4(a) に，CMOS 構成の NOT 回路を示す．n-MOS と p-MOS のドレインどうしをつなぎ，n-MOS のソースは接地して L レベルに保ち，p-MOS のソースは電源に接続して H レベルに保つ．ゲートへの入力は共通しており，出力はドレイン側からとる．このとき，それぞれの MOSFET の動作は表 5.1 に示したとおりであり，ちょうど図 (b) のように，互いに反対の動作をするスイッチを組み合わせた回路と等しくなる．

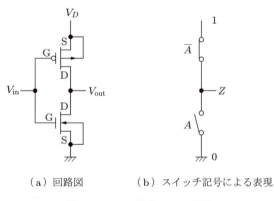

(a) 回路図　　　　(b) スイッチ記号による表現

図 5.4　CMOS 構成の NOT 回路

この回路の動作を，図 5.5 に示す．図 (a) のように，入力信号が H レベルすなわち $V_{in} = V_D$ のとき，n-MOS はオン，p-MOS はオフとなるので，出力は接地電位に等しく，$V_{out} = 0$ である．また，図 (b) のように，入力信号が L レベルすなわち $V_{in} = 0$ のとき，n-MOS はオフ，p-MOS はオンとなるので，出力は電源電圧に等しく，$V_{out} = V_D$ である．確かに NOT 回路として動作している．

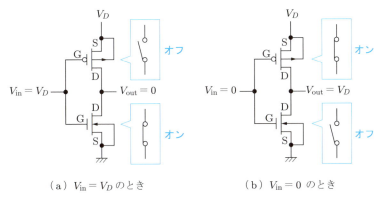

(a) $V_{in} = V_D$ のとき　　　　(b) $V_{in} = 0$ のとき

図 5.5　CMOS 構成の NOT 回路の動作

このように，CMOS は n-MOS と p-MOS を組み合わせて，電源と GND 間で必ずどちらかの MOSFET がオフとなるようにしたものである．このため，電源と GND は直接に接続されることがなく，電流が流れない．また，前述のように MOSFET のゲート端子には電流が流れないので，出力先が MOSFET のゲート端子であれば，入出力端子にも電流が流れない．したがって，すべての論理回路素子を CMOS で構成すれば，ほとんど電力を消費しない回路構成とすることができる．実際には，MOSFET の寄生容量を充放電する電流や，MOSFET のオン・オフの過渡期に p-MOS と n-MOS が同時に導通状態となることで流れる電流（貫通電流）などが発生するため，消費電力 0 とはならない．

図 5.4(b) に示したように，上側の p-MOS は $\bar{A}$ で，下側の n-MOS は A で表されることに注意しよう．上側の p-MOS は，この回路で実現したい演算そのものであり，下側の n-MOS はその否定になっている．電源と GND の間は両者の直列接続であるから，$\bar{A}A = 0$ となる．すなわちつねに L レベルであり，非導通ということになる．

5.2.2 CMOS 構成の NAND 回路

図 5.6 は，CMOS 構成の NAND 回路である．出力と GND の間には，信号 A, B をそれぞれの入力とする 2 個の n-MOS が直列接続され，出力と電源の間には，同じく信号 A, B をそれぞれの入力とする 2 個の p-MOS が並列接続されている．

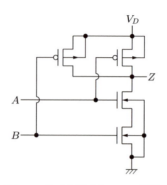

図 5.6　CMOS 構成の NAND 回路

n-MOS の直列部分は，入力 A, B がともに H レベルのときのみ導通であり，p-MOS の並列部分は，入力 A, B がともに H レベルのときのみ非導通である．したがって，H レベルを 1，L レベルを 0 とすれば，$A = 1$, $B = 1$ のとき $Z = 0$，それ以外は $Z = 1$ となり，NAND 動作を実現できることがわかる．また，直列部分と並列部分が同時に導通状態となることはないので，CMOS 構成の NAND 回路も定常的な電流が流れず，電力を消費しない．

p-MOS の並列部分は $\bar{A} + \bar{B} = \overline{AB}$ で表され，n-MOS の直列部分は AB で表されることに注意しよう．この回路も，上側の p-MOS 部分が実現したい演算そのもの，下側の n-MOS 部分がその否定となっている．また，電源と GND の間は $(\bar{A} + \bar{B})AB = 0$ となり，つねに非導通であることがわかる．

5.2.3 CMOS 構成の NOR 回路

図 5.7 は，CMOS 構成の NOR 回路である．前項の NAND 回路とは，直列・並列を逆にした構成になっており，出力と GND の間に 2 個の n-MOS が並列接続され，出力と電源の間に 2 個の p-MOS が直列接続されている．n-MOS の並列部分は，入力 A, B がともに L レベルのときのみ非導通であり，p-MOS の直列部分は，入力 A, B がともに L レベルのときのみ導通である．したがって，H レベルを 1，L レベルを 0 とすれば，$A = 0$, $B = 0$ のとき $Z = 1$，それ以外は $Z = 0$ となり，

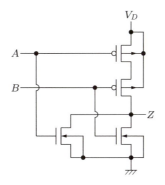

図 5.7　CMOS 構成の NOR 回路

NOR 動作を実現できることがわかる．また，直列部分と並列部分が同時に導通状態となることはないので，この回路も電力を消費しない．

p-MOS の直列部分は $\overline{A}\overline{B} = \overline{A+B}$ で表され，n-MOS の並列部分は $A+B$ で表されることに注意しよう．この回路も，上側の p-MOS 部分が実現したい演算そのもの，下側の n-MOS 部分がその否定となっている．また，GND と電源の間は $\overline{A}\overline{B}(A+B) = 0$ となり，つねに非導通であることがわかる．

5.3　PUN と PDN

前節の内容を一般化すると，CMOS 構成の様々な論理素子（論理ゲート）は，図 5.8 のように表せる．出力 V_out と電源 V_D との接続を制御する回路網を PUN（pull up network），出力 V_out と GND との接続を制御する回路網を PDN（pull down network）という．それぞれ，出力信号を H レベルに引き上げる（プルアップ）役割，L レベルに引き下げる（プルダウン）役割をもち，PUN と PDN は相

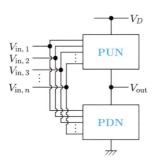

図 5.8　PUN と PDN

補的に動作する回路網である.

PUN は，実現したい論理演算に従って構成する．ただし，PUN に用いる MOSFET はすべて p-MOS にする必要がある．これは，n-MOS では回路の最高電位である V_D まで出力を引き上げられないためである．5.1 節で述べたように，n-MOS ではドレインからソースの向きに電流が流れる．したがって，出力を H レベルに引き上げるには，電源をドレインにつなぎ，出力をソースにつなぐことになる．n-MOS はソースを基準として，ゲート電位を高くすることでオンとなるから，ソース電位は必ずゲート電位より低くなければならない．そのため，出力を V_D まで引き上げられない（しきい値電圧だけ低くなる）．

PDN は，実現したい論理演算の否定に従って構成する．ただし，PDN に用いる MOSFET はすべて n-MOS にする必要がある．これは，p-MOS では回路の最低電位 0 まで出力を引き下げられないためである．p-MOS ではソースからドレインの向きに電流が流れる．したがって，出力を L レベルに引き下げるには，ドレインを接地してソースを出力につなぐことになる．p-MOS はソースを基準として，ゲート電位を低くすることでオンとなるから，ソース電位は必ずゲート電位より高くなければならない．そのため，出力を 0 まで引き下げられない（しきい値電圧だけ高くなる）．

PUN は，実現したい論理演算として構成されるが，すべて p-MOS であるため負論理入力となる．一方，PDN は，すべて n-MOS であるため正論理入力となるが，実現したい論理演算の否定として構成される．このように，CMOS 論理ゲートでは入力と出力の論理は反転している．したがって，AND 演算や OR 演算を行うには NAND ゲートや NOR ゲートに NOT ゲートを組み合わせる必要があり，論理ゲート数が多くなってしまう．CMOS 構成では，NAND 演算や NOR 演算で論理回路を組み立てるように配慮することが重要である.

多入力論理ゲートの場合は，入力の数に応じて MOSFET の数を増やせばよい．たとえば，CMOS 構成の 3 入力 NAND 回路および 3 入力 NOR 回路は，図 5.9 のようになる．4 入力以上も同様であるが，p-MOS はホールの移動度が低いため，オン状態の抵抗が n-MOS と比較して大きい．そのため，直列接続の段数を増やすと，回路容量の充放電の時定数が大きくなって，回路の動作速度が低下する問題がある．この観点からは，3 入力以上の論理ゲートの構成を避けたり，NOR ゲートではなく NAND ゲートを用いたりすべきである.

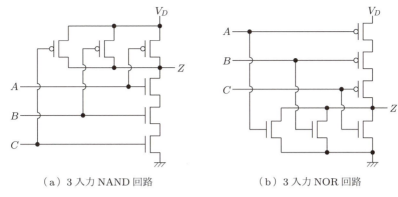

（a）3入力 NAND 回路　　　（b）3入力 NOR 回路

図 5.9　CMOS 構成の 3 入力 NAND 回路と NOR 回路

5.4　CMOS 複合ゲート

たとえば，次の論理演算を CMOS 構成で実現することを考えよう．

$$Z = \overline{AB + C} \tag{5.1}$$

この論理式から単純に論理回路を構成すると，図 5.10(a)になる．ただし，前節で述べたように，これを CMOS で構成すると，AND ゲートは NAND ゲートと NOT ゲートの組み合わせで実現することになるのでゲート数が多くなる．その代わり，MOSFET を直並列で混在させることで，一つの CMOS 論理ゲートとして実現することもできる．これを複合ゲート（composite gate）とよび，図(b)のように表す．CMOS 複合ゲートは，以下の手順で構成する．

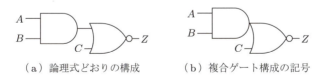

（a）論理式どおりの構成　　（b）複合ゲート構成の記号

図 5.10　CMOS 複合ゲートの例 1

(1) PDN の構成：実現したい論理演算の否定とする．すなわち，ここでは次のようになる．

$$\bar{Z} = \overline{\overline{AB + C}} = AB + C \tag{5.2}$$

これは，入力 A の n-MOS と入力 B の n-MOS の直列接続に，入力 C の

n-MOS を並列に接続したものである．
(2) PUN の構成：ド・モルガンの法則を用いて，実現したい論理演算を変数の否定形で表現する．すなわち，ここでは次のようになる．

$$Z = \overline{AB + C} = \overline{AB}\,\overline{C} = (\overline{A} + \overline{B})\overline{C} \tag{5.3}$$

これは，入力 A の p-MOS と入力 B の p-MOS の並列接続に，入力 C の p-MOS を直列に接続したものである．

(3) PDN と PUN を，図 5.8 のように接続する．すなわち，図 5.11 のようになる．

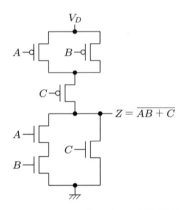

図 5.11　CMOS 複合ゲート $\overline{AB + C}$

同様に，次の論理演算を CMOS 複合ゲートで構成してみよう．

$$Z = \overline{(A + B)C} \tag{5.4}$$

論理式からそのまま構成した論理回路を図 5.12(a) に，複合ゲート記号を図 (b) に示す．PDN と PUN は，それぞれ次のようになる．

PDN：　$\overline{Z} = \overline{\overline{(A + B)C}} = (A + B)C$ \hfill (5.5)

PUN：　$Z = \overline{(A + B)C} = \overline{A + B} + \overline{C} = \overline{A}\,\overline{B} + \overline{C}$ \hfill (5.6)

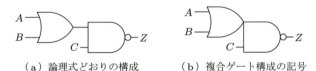

(a) 論理式どおりの構成　　(b) 複合ゲート構成の記号

図 5.12　CMOS 複合ゲートの例 2

PDN は，入力 A の n-MOS と入力 B の n-MOS の並列接続に，入力 C の n-MOS を直列に接続したものである．また，PUN は，入力 A の p-MOS と入力 B の p-MOS の直列接続に，入力 C の p-MOS を並列に接続したものである．したがって，図 5.13 のようになる．

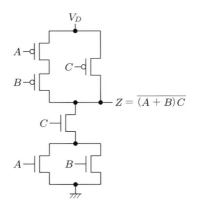

図 5.13　CMOS 複合ゲート $\overline{(A + B)C}$

さらに，次の論理演算を CMOS 複合ゲートで構成してみよう．

$$Z = \overline{(A + B)C + D} \tag{5.7}$$

上式の否定は，式 (5.5) に D を論理和で追加したものになる．したがって，この PDN は，式 (5.5) の PDN に，さらに入力 D の n-MOS を並列に接続したものになる．PUN は，PDN と直列・並列を逆にする．すなわち，この PUN は，式 (5.6) の PUN に，さらに入力 D の p-MOS を直列に接続したものになる．したがって，図 5.14 のようになる．

　一般に，複合ゲートで論理回路を構成するほうが，回路動作に必要な遅延時間が短く高速動作が可能となり，素子のレイアウト面積も小さくできる利点がある．付録 A.1 には，複合ゲートで構成した XOR ゲートの例を示した．

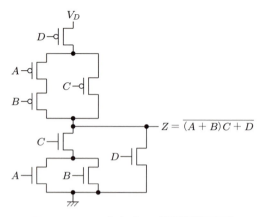

図 5.14　CMOS 複合ゲート $\overline{(A+B)C+D}$

5.5　トランスミッションゲート

　MOSFET は，信号を伝達するスイッチとしても用いることができる．ただし，前述のように n-MOS または p-MOS 単体では，信号レベルを回路の最大電位まで引き上げたり，最低電位まで引き下げたりできない．そこで，図 5.15(a) のように，n-MOS と p-MOS を組み合わせたスイッチを構成する．これは，信号を伝達するという意味で，トランスミッションゲート（transmission gate）とよばれる．n-MOS のバックゲート端子は GND に，p-MOS のバックゲート端子は電源 V_D に接続されており，互いのソース端子，ドレイン端子どうしが接続されている．入力 V_{in} はドレイン端子の電位，出力 V_{out} はソース端子の電位である．ゲート端子へのスイッチオンの制御信号は，n-MOS は V_D，p-MOS は 0 であるとする．

　n-MOS と p-MOS それぞれの入出力特性を図(b)に示す．n-MOS は，出力 V_{out}

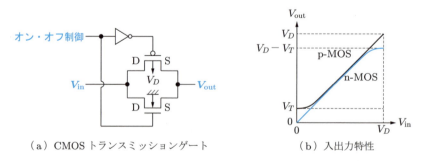

（a）CMOS トランスミッションゲート　　　　　（b）入出力特性

図 5.15　トランスミッションゲート

をHレベルに引き上げようとしても，ソース端子の電位 V_{out} が上がるにつれてゲート端子の電位 V_D との差が小さくなり，最終的には電位差がしきい値電圧 V_T に等しくなる $V_{out} = V_D - V_T$ までしか上昇しない．一方，p-MOS は，出力 V_{out} を L レベルに引き下げようとしても，ソース端子の電位 V_{out} が下がるにつれてゲート端子の電位 0 との差が小さくなり，最終的には電位差がしきい値電圧に等しくなる $V_{out} = V_T$ までしか低下しない．したがって，両者を組み合わせると，図のようにそれぞれが互いを補い合って，0 から V_D までの入力信号を完全に伝達できることがわかる．付録 A.2 には，トランスミッションゲートで構成した XOR 回路の例を示した．

演習問題

5.1 下記の回路を CMOS で構成せよ．

（1）NOR 回路を用いた NOT 回路

（2）NAND 回路を用いた NOT 回路

（3）2 入力 NOR 回路と NOT 回路を用いた 2 入力 AND 回路

（4）2 入力 NAND 回路と NOT 回路を用いた 2 入力 OR 回路

5.2 下記の論理式を CMOS 構成の複合ゲートで実現せよ．

（1）$Z = \overline{(A + B)(C + D)}$

（2）$Z = \overline{AB + CD}$

（3）$Z = \overline{(A + B)(B + C)}$

6章 組み合わせ論理回路

前章までに述べた基本論理回路の組み合わせにより，様々な論理回路が構成できる．そのうち，出力がその時点の入力の組み合わせで一意に決まる論理回路を，組み合わせ回路（combinational circuit）という[†]．本章では，いくつかの代表的な組み合わせ回路を取り上げ，その動作原理や構成法について述べる．

6.1 マルチプレクサとデマルチプレクサ

複数の入力から一つを選択して出力する回路をマルチプレクサ（multiplexer）またはデータセレクタ（data selector）といい，逆に一つの入力から複数の出力のどれかに振り分ける回路をデマルチプレクサ（demultiplexer）という．コンピュータ内部では様々なデバイス間でデータのやりとりを行うが，それらのデバイスどうしをすべて直接つなごうとすると，膨大な数の通信路が必要になってしまう．そこで，通信路を共用し，入出力先をつど切り替えてデータをやりとりする．この切り替え処理に，マルチプレクサとデマルチプレクサが使われる．同様の処理は，インターネットに代表される情報ネットワークの通信システムでも行われている．図6.1に示す，基幹系とよばれる大都市間の光ファイバ通信システムなどがその例である．

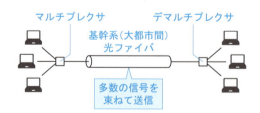

図 6.1　マルチプレクサとデマルチプレクサの応用例

[†]　「基本論理回路を組み合わせた回路」という意味ではないので注意してほしい．

6.1.1 マルチプレクサ（データセレクタ）

(1) 2入力マルチプレクサ

図6.2(a)のように，選択信号 S に基づいて，二つの入力 D_0，D_1 のうちどちらか一つを選んで出力する回路を，2入力マルチプレクサという．回路図では，図(b)のようなブロック記号で表されることが多い．

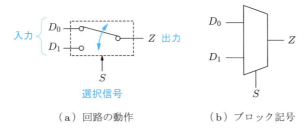

図6.2　2入力マルチプレクサ

$S = 0$ のとき入力 D_0 を選び，$S = 1$ のとき入力 D_1 を選ぶとすれば，この回路の真理値表は表6.1(a)で表される．出力 Z は選択された入力の値と等しい．また，選択されない入力の値は何でもよいので，ドントケア項となる．以降は，これを表(b)のように表す．真理値表から次の論理式が得られる．

$$Z = \bar{S}D_0 + SD_1 \tag{6.1}$$

図6.3は，上式から導かれた2入力マルチプレクサの論理回路図である．真理値表どおりの動作となっていることを確認してほしい．

表6.1　2入力マルチプレクサの真理値表

(a)

S	D_0	D_1	Z
0	0	×	0
0	1	×	1
1	×	0	0
1	×	1	1

(b)

S	Z
0	D_0
1	D_1

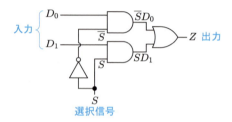

図6.3　2入力マルチプレクサの論理回路図

(2) 4入力マルチプレクサ

4入力マルチプレクサのブロック記号を図6.4に，その真理値表を表6.2に示す．4通りの入力から一つを選択するので，二つの信号 S_0, S_1 を用いて，2ビットの選択信号 $S = [S_1 S_0]$ で $D_0 \sim D_3$ を指定する．$S = [00]$ のとき D_0, $S = [01]$ のとき D_1, $S = [10]$ のとき D_2, $S = [11]$ のとき D_3 が選択される．図6.4の斜め線と数字の2は，このように2本の信号線をまとめた，2ビットの信号入力であることを意味している．

真理値表から，次の論理式が得られる．

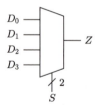

図6.4　4入力マルチプレクサのブロック記号

表6.2　4入力マルチプレクサの真理値表

S_1	S_0	Z
0	0	D_0
0	1	D_1
1	0	D_2
1	1	D_3

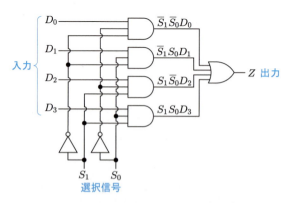

図6.5　4入力マルチプレクサの論理回路図

$$Z = \bar{S}_1\bar{S}_0D_0 + \bar{S}_1S_0D_1 + S_1\bar{S}_0D_2 + S_1S_0D_3 \tag{6.2}$$

図 6.5 は，上式から導かれた 4 入力マルチプレクサの論理回路図である．

6.1.2 デマルチプレクサ

(1) 2 出力デマルチプレクサ

図 6.6(a) のように，選択信号 S に基づいて，入力 D の出力先を Z_0, Z_1 のうちどちらか一つに振り分ける回路を，2 出力デマルチプレクサという．回路図では，図(b)のようなブロック記号で表されることが多い．

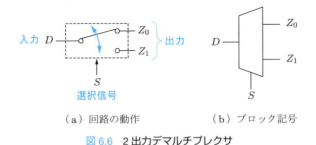

(a) 回路の動作　　　　　(b) ブロック記号

図 6.6　2 出力デマルチプレクサ

2 出力デマルチプレクサの真理値表を，表 6.3 に示す．表(a)，(b)のように，出力が複数ある場合はそれぞれの出力ごとに真理値表が存在することに注意しよう．以降は，これらをまとめて表(c)のように表す．真理値表から，次の論理式が得られる．

$$Z_0 = \bar{S}D, \quad Z_1 = SD \tag{6.3}$$

図 6.7 は，上式から導かれた 2 出力デマルチプレクサの論理回路図である．

表 6.3　2 出力デマルチプレクサの真理値表

(a) 出力 Z_0

S	D	Z_0
0	0	0
0	1	1
1	0	0
1	1	0

(b) 出力 Z_1

S	D	Z_1
0	0	0
0	1	0
1	0	0
1	1	1

(c) まとめた表記

S	Z_0	Z_1
0	D	0
1	0	D

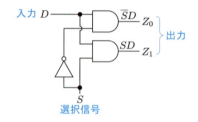

図 6.7　2 出力デマルチプレクサの論理回路図

(2) 4 出力デマルチプレクサ

4 出力デマルチプレクサのブロック記号を図 6.8 に，その真理値表を表 6.4 に示す．4 通りの出力から一つを選択するので，二つの信号 S_0, S_1 を用いて，2 ビットの選択信号 $S = [S_1 S_0]$ で $Z_0 \sim Z_3$ を指定する．真理値表から，次の論理式が得られる．

$$Z_0 = \bar{S}_1 \bar{S}_0 D, \quad Z_1 = \bar{S}_1 S_0 D, \quad Z_2 = S_1 \bar{S}_0 D, \quad Z_3 = S_1 S_0 D \tag{6.4}$$

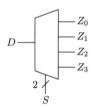

図 6.8　4 出力デマルチプレクサの
　　　　ブロック記号

表 6.4　4 出力デマルチプレクサの真理値表

S_1	S_0	Z_0	Z_1	Z_2	Z_3
0	0	D	0	0	0
0	1	0	D	0	0
1	0	0	0	D	0
1	1	0	0	0	D

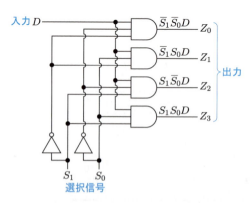

図 6.9　4 出力デマルチプレクサの論理回路図

図 6.9 は，上式から導かれた 4 出力デマルチプレクサの論理回路図である．

6.2 比較器

比較器（comparator：コンパレータ）は，二つの 2 進数の（等しい場合も含んだ）大小関係を判断して出力する回路である．回路図では，図 6.10 のようなブロック記号で表されることがある．

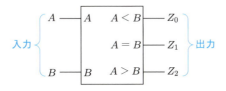

図 6.10 比較器のブロック記号

(1) 1 ビット比較器

1 ビット比較器の真理値表を，表 6.5 に示す．真理値表から，次の論理式が得られる．

表 6.5　1 ビット比較器の真理値表

A	B	$Z_0\ (A<B)$	$Z_1\ (A=B)$	$Z_2\ (A>B)$
0	0	0	1	0
0	1	1	0	0
1	0	0	0	1
1	1	0	1	0

$$Z_0 = \bar{A}B, \quad Z_1 = AB + \bar{A}\bar{B}, \quad Z_2 = A\bar{B} \tag{6.5}$$

図 6.11 は，上式から導かれた 1 ビット比較器の論理回路図である．ただし，Z_1 は $A<B$ でも $A>B$ でもない場合であるから，次のようにも表せる．

$$Z_1 = \overline{Z_0 + Z_2} = \bar{Z_0}\bar{Z_2} \tag{6.6}$$

上式は，ド・モルガンの法則を用いて以下のように確認できる．

$$\begin{aligned}Z_1 &= AB + \bar{A}\bar{B} = \overline{\bar{A}+\bar{B}} + \overline{A+B} = \overline{(\bar{A}+\bar{B})(A+B)} \\ &= \overline{\bar{A}B + A\bar{B}} = \overline{Z_0 + Z_2} = \bar{Z_0}\bar{Z_2}\end{aligned} \tag{6.7}$$

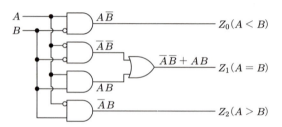

図6.11　1ビット比較器の論理回路図

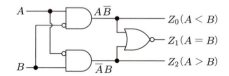

図6.12　論理ゲート数を削減した1ビット比較器

これを論理回路図にすると，図6.12のようになり，論理ゲートの数を3個に減らすことができる．

(2) 2ビット比較器

2ビット比較器の真理値表を表6.6に示す．真理値表から，出力 Z_0，Z_2 の論理式は次のようになる．

$$Z_0 = \bar{A}_1\bar{A}_0\bar{B}_1B_0 + \bar{A}_1\bar{A}_0B_1\bar{B}_0 + \bar{A}_1\bar{A}_0B_1B_0 + \bar{A}_1A_0B_1\bar{B}_0 + \bar{A}_1A_0B_1B_0 \\ + A_1\bar{A}_0B_1B_0 \tag{6.8}$$

$$Z_2 = \bar{A}_1A_0\bar{B}_1\bar{B}_0 + A_1\bar{A}_0\bar{B}_1\bar{B}_0 + A_1\bar{A}_0\bar{B}_1B_0 + A_1A_0\bar{B}_1\bar{B}_0 + A_1A_0\bar{B}_1B_0 \\ + A_1A_0B_1\bar{B}_0 \tag{6.9}$$

これらは，4変数のカルノー図で簡単化できる（演習問題6.1, 6.2）．最終的には，次のように簡単化される．

$$Z_0 = \bar{A}_1B_1 + \bar{A}_0B_1B_0 + \bar{A}_1\bar{A}_0B_0 \tag{6.10}$$

$$Z_2 = A_1\bar{B}_1 + A_1A_0\bar{B}_0 + A_0\bar{B}_1\bar{B}_0 \tag{6.11}$$

Z_1 は，1ビット比較器のときと同様，$Z_1 = \overline{Z_0 + Z_2} = \bar{Z}_0\bar{Z}_2$ で得られる．したがって，2ビット比較器の論理回路図は，図6.13のようになる．

表 6.6　2 ビット比較器の真理値表

$A =$ $[A_1A_0]$	$B =$ $[B_1B_0]$	Z_0 $(A<B)$	Z_1 $(A=B)$	Z_2 $(A>B)$
00	00	0	1	0
00	01	1	0	0
00	10	1	0	0
00	11	1	0	0
01	00	0	0	1
01	01	0	1	0
01	10	1	0	0
01	11	1	0	0
10	00	0	0	1
10	01	0	0	1
10	10	0	1	0
10	11	1	0	0
11	00	0	0	1
11	01	0	0	1
11	10	0	0	1
11	11	0	1	0

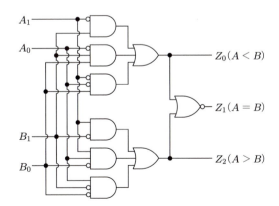

図 6.13　2 ビット比較器の論理回路図

6.3 パリティ回路

ディジタル信号はアナログ信号に比べて雑音に強いものの，誤りが生じる可能性は0ではない．雑音の影響で，Lレベルの信号がHレベルと判断されたり，Hレベルの信号がLレベルと判断されたりすることがあり得る．データのパリティを用いて，そのような誤り発生の検出を行うことができる．

パリティ（parity：偶奇性）とは，データのビット列に含まれているビット1の数が偶数であるか奇数であるかを表すもので，偶数の場合をパリティ0，奇数の場合をパリティ1と定義する．

伝送するデータを一定のビット数で区切って，区切りごとのパリティがつねに一定になるようにする．パリティ0に保つ場合を偶数パリティ（even parity），パリティ1に保つ場合を奇数パリティ（odd parity）とよぶ．雑音の影響などで，区切り内のどれか一つのビットに誤りが生じると，ビット1の数が1個だけ増減するので，データのパリティが反転し，あらかじめ取り決めたパリティと一致しなくなる．これにより，誤り発生を検出し，その場合はデータの再送などを行う．一度に偶数個のビットで誤りが生じた場合は検出できないが，この確率はきわめて低く，考慮しない場合が多い．

パリティを一定に保つには，区切ったデータにパリティビット（parity bit）とよばれる1ビットの符号を付加することで行う．たとえば，7ビットごとに区切られたデータの一つが，ビット列 [0000111] であるとする．このビット列には1が3個含まれており，奇数であるから，そのパリティは1である．したがって，偶数パリティの場合はパリティビット1を付加して，パリティ0とした8ビットのデータ [00001111] を送信する．奇数パリティの場合はパリティビット0を付加して，パリティ1とした8ビットのデータ [00001110] を送信する．同様に，区切られたデータのパリティが0（偶数）である場合，偶数パリティではパリティビット0を付加して送信し，奇数パリティではパリティビット1を付加して送信する．上の例ではパリティビットを最下位ビットとして付加しているが，最上位ビットとして付加する場合もある．

データのパリティは，XOR演算を用いて求められる．P_D を，あるビット列 D のパリティであるとする．ビット列 D に新たにビット0を付加したビット列のパリティは，P_D と等しい．また，ビット列 D に新たにビット1を付加したビット列のパリティは，$P_D = 0$（偶数）であれば1（奇数）に，$P_D = 1$（奇数）であれば

0（偶数）になるので，$\bar{P}_D$ と等しい．式(2.31)に示したように，

$$P_D \oplus 0 = P_D, \quad P_D \oplus 1 = \bar{P}_D \tag{6.12}$$

であるから，これは XOR 演算で表されることがわかる．1 ビットのパリティはそのビット自身に等しいから，ビット列の 1 ビット目と 2 ビット目の XOR 演算をとり，次に 3 ビット目との XOR 演算をとり，…と，各ビットをすべて XOR 演算で結合すれば，そのビット列のパリティが求められる．

図 6.14 に，7 ビットのデータ $D = [D_6 D_5 D_4 D_3 D_2 D_1 D_0]$ のパリティを求める回路を示す．各ビットを一つずつ XOR ゲートでつなぐと，論理ゲートの段数が多くなり処理時間が長くなる．以下のように結合則を用いて，トーナメント表に似た形式の構成にすると，段数を減らすことができる．

$$\begin{aligned} P_D &= D_6 \oplus D_5 \oplus D_4 \oplus D_3 \oplus D_2 \oplus D_1 \oplus D_0 \\ &= (D_6 \oplus (D_5 \oplus D_4)) \oplus ((D_3 \oplus D_2) \oplus (D_1 \oplus D_0)) \end{aligned} \tag{6.13}$$

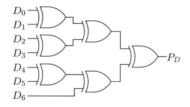

図 6.14　7 ビットのパリティ計算回路

図 6.15 に，送信側で用いるパリティビット付加回路と，受信側で用いるパリティチェック回路を示す．C はパリティ設定ビットであり，$C = 0$ が偶数パリティ，$C = 1$ が奇数パリティである．送信側では，図(a)のように送信データ D のパリティ P_D を計算し，パリティビットを $P = P_D \oplus C$ で求めて付加する．受信側では，図(b)のように受信したパリティビット付きデータ D' のパリティ P'_D を計算し，誤り検出

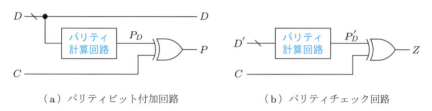

（a）パリティビット付加回路　　　　（b）パリティチェック回路

図 6.15　パリティビット付加回路とパリティチェック回路

表 6.7　パリティチェックの原理

パリティ設定ビット C	データ D のパリティ P_D	パリティビット $P = P_D \oplus C$	正しいパリティビット付きデータのパリティ $P_D' = P_D \oplus P$	誤り検出 $Z = P_D' \oplus C$
0（偶数パリティ）	0	0	0	0：誤りなし 1：誤りあり
0（偶数パリティ）	1	1	0	0：誤りなし 1：誤りあり
1（奇数パリティ）	0	1	1	0：誤りなし 1：誤りあり
1（奇数パリティ）	1	0	1	0：誤りなし 1：誤りあり

の出力 $Z = P_D' \oplus C$ を求める[†]．パリティチェックの原理を表 6.7 に示す．ビット誤りがなければ，パリティビット付きデータのパリティ P_D' はパリティ設定ビット C とつねに一致し，両者の XOR 演算の結果は 0 である．したがって，$Z = 1$ でビット誤りの発生を検出できる．

6.4　エンコーダとデコーダ

コンピュータなどが様々な処理をする場合，図 6.16 に示すように，入力された 10 進数のデータを 2 進数のデータに変換する必要がある．このような変換を実行する組み合わせ回路をエンコーダ（encoder：符号器）という．また，2 進数のデータを 10 進数のデータへ変換するような組み合わせ回路をデコーダ（decoder：復号器）という．

図 6.16　エンコーダとデコーダ

6.4.1　10 進 - BCD エンコーダ

表 6.8 は，10 進数を 2 進数に変換するエンコーダの真理値表である．入力ビット $D_0 \sim D_9$ を，10 進数の 0 〜 9 に対応させる．たとえば，$D_0 = 1$ であれば，10 進数の 0 が入力されたことになる．出力は 4 ビットのデータ $Z = [Z_3 Z_2 Z_1 Z_0]$ であり，10 進数をそのまま 2 進数に変換したものになっている．これを BCD

[†] 受信データからパリティビットを除いてパリティを計算し，パリティビットと比較する方法でもよい．

表6.8 10進-BCDエンコーダの真理値表

入力	Z_3	Z_2	Z_1	Z_0
0 (D_0)	0	0	0	0
1 (D_1)	0	0	0	1
2 (D_2)	0	0	1	0
3 (D_3)	0	0	1	1
4 (D_4)	0	1	0	0
5 (D_5)	0	1	0	1
6 (D_6)	0	1	1	0
7 (D_7)	0	1	1	1
8 (D_8)	1	0	0	0
9 (D_9)	1	0	0	1

（binary-coded decimal：2進化10進数）という．真理値表から各出力の論理式を求めると，次のようになる．

$$Z_0 = D_1 + D_3 + D_5 + D_7 + D_9, \quad Z_1 = D_2 + D_3 + D_6 + D_7,$$
$$Z_2 = D_4 + D_5 + D_6 + D_7, \quad Z_3 = D_8 + D_9 \tag{6.14}$$

上式を論理回路図にすると，図 6.17 のようになる．入力 D_0，すなわち 10 進数の

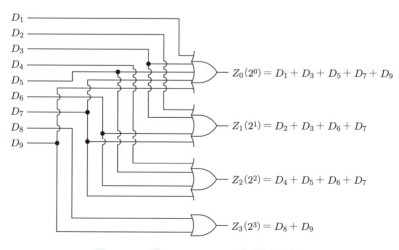

図 6.17　10進-BCDエンコーダの論理回路図

74 6章 組み合わせ論理回路

0 は，$Z_0 \sim Z_3$ の出力すべてが 0 の場合であるから使用しない．

6.4.2 BCD - 10 進デコーダ

表 6.9 は，BCD を 10 進数に変換するデコーダの真理値表である．表 6.8 とは逆に，入力は 4 ビットのデータ $D = [D_3 D_2 D_1 D_0]$ であり，出力ビット $Z_0 \sim Z_9$ を 10 進数の 0 ～ 9 に対応させる．真理値表から各出力の論理式を求めると，次のようになる．

表 6.9 BCD - 10 進デコーダの真理値表

入力				出力
D_3	D_2	D_1	D_0	
0	0	0	0	0 (Z_0)
0	0	0	1	1 (Z_1)
0	0	1	0	2 (Z_2)
0	0	1	1	3 (Z_3)
0	1	0	0	4 (Z_4)
0	1	0	1	5 (Z_5)
0	1	1	0	6 (Z_6)
0	1	1	1	7 (Z_7)
1	0	0	0	8 (Z_8)
1	0	0	1	9 (Z_9)

$$Z_0 = \bar{D_3}\bar{D_2}\bar{D_1}\bar{D_0}, \quad Z_1 = \bar{D_3}\bar{D_2}\bar{D_1}D_0, \quad Z_2 = \bar{D_3}\bar{D_2}D_1\bar{D_0}, \quad Z_3 = \bar{D_3}\bar{D_2}D_1D_0,$$
$$Z_4 = \bar{D_3}D_2\bar{D_1}\bar{D_0}, \quad Z_5 = \bar{D_3}D_2\bar{D_1}D_0, \quad Z_6 = \bar{D_3}D_2D_1\bar{D_0}, \quad Z_7 = \bar{D_3}D_2D_1D_0,$$
$$Z_8 = D_3\bar{D_2}\bar{D_1}\bar{D_0}, \quad Z_9 = D_3\bar{D_2}\bar{D_1}D_0 \tag{6.15}$$

上式を論理回路図にすると，図 6.18 のようになる．

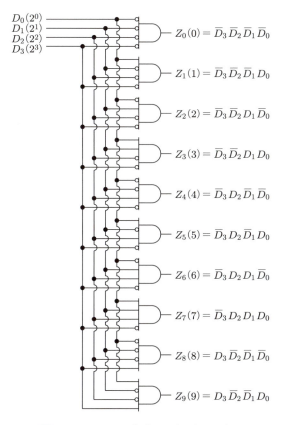

図 6.18　BCD‐10 進デコーダの論理回路図

6.4.3　7 セグメントデコーダ

電卓のディスプレイによく使われる 7 セグメント表示装置は，液晶や LED で構成された 7 個のセグメントの組み合わせで，数字や文字を表すものである．図 6.19 に示すように，たとえば数字の 5 を表示する場合には，7 個のセグメント $a \sim g$ のうち，a, c, d, f, g の五つを点灯させればよい．

図 6.19　7 セグメント表示装置

表 6.10　7 セグメントデコーダの真理値表

10 進数	入力				出力						
	D_3	D_2	D_1	D_0	$\bar{a}$	$\bar{b}$	$\bar{c}$	$\bar{d}$	$\bar{e}$	$\bar{f}$	$\bar{g}$
0	0	0	0	0	0	0	0	0	0	0	1
1	0	0	0	1	1	0	0	1	1	1	1
2	0	0	1	0	0	0	1	0	0	1	0
3	0	0	1	1	0	0	0	0	1	1	0
4	0	1	0	0	1	0	0	1	1	0	0
5	0	1	0	1	0	1	0	0	1	0	0
6	0	1	1	0	0	1	0	0	0	0	0
7	0	1	1	1	0	0	0	1	1	0	1
8	1	0	0	0	0	0	0	0	0	0	0
9	1	0	0	1	0	0	0	0	1	0	0

表 6.10 に，7 セグメントデコーダの真理値表を示す．表示したい 10 進数を BCD に変換して入力する．ただし，7 セグメント表示では消灯しているセグメントのほうが少ないので，出力には各変数の否定をとって，消灯を 1 としている．

真理値表から各出力の論理式を求めると，次のようになる．

$$\bar{a} = \bar{D}_3\bar{D}_2\bar{D}_1D_0 + \bar{D}_3D_2\bar{D}_1\bar{D}_0, \quad \bar{b} = \bar{D}_3D_2\bar{D}_1D_0 + \bar{D}_3D_2D_1\bar{D}_0,$$

$$\bar{c} = \bar{D}_3\bar{D}_2D_1\bar{D}_0, \quad \bar{d} = \bar{D}_3\bar{D}_2\bar{D}_1D_0 + \bar{D}_3D_2\bar{D}_1\bar{D}_0 + \bar{D}_3D_2D_1D_0,$$

$$\bar{e} = \bar{D}_3\bar{D}_2\bar{D}_1D_0 + \bar{D}_3\bar{D}_2D_1D_0 + \bar{D}_3D_2\bar{D}_1\bar{D}_0 + \bar{D}_3D_2\bar{D}_1D_0 + \bar{D}_3D_2D_1D_0$$
$$\quad + D_3\bar{D}_2\bar{D}_1D_0,$$

$$\bar{f} = \bar{D}_3\bar{D}_2\bar{D}_1D_0 + \bar{D}_3\bar{D}_2D_1\bar{D}_0 + \bar{D}_3D_2D_1D_0,$$

$$\bar{g} = \bar{D}_3\bar{D}_2\bar{D}_1\bar{D}_0 + \bar{D}_3\bar{D}_2\bar{D}_1D_0 + \bar{D}_3D_2D_1D_0 \tag{6.16}$$

これらの論理式の簡単化は，4 変数のカルノー図により行えばよい（演習問題 6.4）．ただし，$[D_3D_2D_1D_0] = [1010] \sim [1111]$ はドントケア項となることに注意しなければならない．最終的には，以下のように簡単化できる．

$$\bar{a} = \bar{D}_3\bar{D}_2\bar{D}_1D_0 + D_2\bar{D}_1\bar{D}_0, \quad \bar{b} = D_2\bar{D}_1D_0 + D_2D_1\bar{D}_0, \quad \bar{c} = \bar{D}_2D_1\bar{D}_0,$$

$$\bar{d} = \bar{D}_3\bar{D}_2\bar{D}_1D_0 + D_2\bar{D}_1\bar{D}_0 + D_2D_1D_0, \quad \bar{e} = D_0 + D_2\bar{D}_1,$$

$$\bar{f} = \bar{D}_2D_1 + \bar{D}_3\bar{D}_2D_0, \quad \bar{g} = \bar{D}_3\bar{D}_2\bar{D}_1 + D_2D_1D_0 \tag{6.17}$$

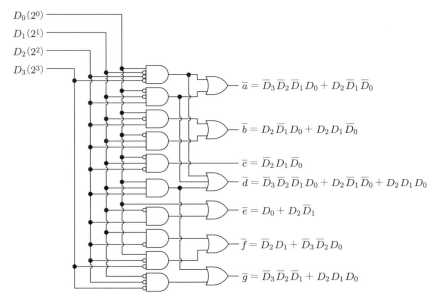

図 6.20　7 セグメントデコーダの論理回路図

上式を論理回路図にすると，図 6.20 のようになる．

演習問題

6.1　2 ビット比較器の出力 Z_0 の式 (6.8) を，カルノー図で簡単化せよ．
6.2　2 ビット比較器の出力 Z_2 の式 (6.9) を，カルノー図で簡単化せよ．
6.3　4 ビットデータのパリティ計算回路を構成せよ．
6.4　7 セグメントデコーダの各出力を表す式 (6.16) を，カルノー図で簡単化せよ．

7章 加減算論理回路

ディジタル回路におけるすべての加減算処理は，2進数で行われる．本章では，2進数の加減算に関して述べた後，論理ゲートを用いた組み合わせ回路で構成した加減算回路を説明する．

7.1 2進数の加算

2進数の加算（addition）の方法は，10進数の場合と同様である．10進数の加算の結果である和（sum）が，10になると桁上がりするのと同じように，2進数の場合でも，その和が2で桁上がりする．一般化すると，n進数の加算の場合では，その和が1章で述べた基数nになると桁上がりする．

まず，1桁の2進数の加算（1ビット加算）について考えよう．この場合は，

$0_2 + 0_2 = 0_2$
$0_2 + 1_2 = 1_2$
$1_2 + 0_2 = 1_2$
$1_2 + 1_2 = 10_2$（桁上がり）

の4通りしかなく，10進数に比較してきわめて簡単である．また，1 + 1の加算では，桁上がりが発生して2ビットになり，1ビット目は0となる．

複数ビット（複数桁）の加算も，10進数の加算と同様に，最下位ビットから順に加算していく．図7.1は，10進数の加算$5_{10} + 7_{10}$と，それを2進数で表した

```
          1 キャリー              1 1 1 キャリー
            5                        1 0 1
       +)   7                   +)   1 1 1
         ─────                      ───────
          1 2                       1 1 0 0
       （a）10進数の場合       （b）2進数の場合
```

図7.1 2進数の加算

$101_2 + 111_2$ の加算である．どちらも，ある桁でキャリー（carry：桁上げ）が発生したら，その上位桁ではキャリーも加えて計算する．図(b)では，各ビットで桁上がりが発生して，最終的には 4 ビットの 2 進数 1100_2 となる．これは 10 進数の 12 であるから，図(a)と同じであることがわかる．

2 進数の加算では，下位ビットからの桁上がり（carry-in）があるときに，そのビットにおける被加算数と加算数のどちらかが 1 であれば，さらに上位ビットへの桁上がり（carry-out）が発生する．また，下位ビットからの桁上がりがあり，そのビットの被加算数および加算数がともに 1 であれば，上位ビットへの桁上がりに加え，そのビットも 1 となる．これを繰り返すことで加算ができる．

7.2 2 進数の減算

2 進数の減算（subtraction）の方法も，基本的には 10 進数の場合と同様である．10 進数の減算では，ある桁の被減算数の数字が減算数の数字より小さく，そのままでは引くことができない場合，上位桁から 10_{10} を借りて（borrow）計算する．2 進数の減算でも同様に，上位桁から 10_2 を借りる．一般化すると，n 進数の場合は，上位の桁から基数 n を借りることで減算ができる．ただしこれは，被減算数が減算数より大きい場合，すなわち負の数を考えない場合のみである．負の数を考慮した減算の方法は，次節で説明する．

図 7.2 に，10 進数の減算 $11_{10} - 5_{10}$ と，それを 2 進数で表した $1011_2 - 101_2$ を示す．図(b)では，下から 3 ビット目はそのままでは引けないので，上位桁である 4 ビット目から 10_2 を借りて減算し，$10_2 - 1_2 = 1_2$ となって演算結果の 3 ビット目は 1 となる．最終的な結果は 3 ビットの 2 進数 110_2 となり，これは 6_{10} であるから，図(a)と同じになる．

上位桁が 0 であるときに借りが発生する場合は，その上位桁はさらに上の桁から借りればよい．このように，加算の場合と同様，各桁で必要に応じて上位桁からの

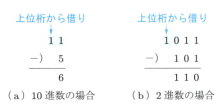

図 7.2　2 進数の減算

借りを繰り返すことで減算ができる.

7.3 補数（負の2進数の表現）

　次に，2進数における負の値の表現について説明する．10進数の場合は，数字のほかに記号 "−" を用いることで負値を表すが，2進数では最上位ビット（MSB）を符号ビットとして，0を正の符号，1を負の符号に対応させれば，0と1の数字だけで正負の数を表すことができる.

　符号ビットを用いた負の2進数の表現には，以下の2種類の方法がある.

(1) 符号 + 絶対値：通常の10進数の表現と同様の方法である．符号ビットが0のときは後続する2進数が正の値，1のときは後続する2進数が負の値であることを意味する.

(2) 2の補数（2's complement）：足し合わせると全ビットが0になる二つの2進数のうち，符号ビットが0の場合を正，1の場合を負とする.

　ディジタル回路で負の2進数を表現する場合は，2の補数を用いることがほとんどである．表7.1に，4ビットの場合の2の補数表示を示す.

表7.1　2の補数表示

10進数	2進数	10進数	2進数
7	0111	−7	1001
6	0110	−6	1010
5	0101	−5	1011
4	0100	−4	1100
3	0011	−3	1101
2	0010	−2	1110
1	0001	−1	1111
0	0000		

　一般に，ある数に対するnの補数とは，その数に足すと基数nのべき乗になるような数のことをいう．すなわち，足すとちょうど桁上がりする数である．これは，足してもぎりぎり桁上がりしない数より1大きい数であるから，ある数の補数は，その数と同じ桁数をもつ最大の数から，その数を引いて+1すれば求められる.

　2進数では，あるビット数における最大の数は，全ビットが1である．そこから

ある数を引くと，その数の1であったビットは0に，0であったビットは1になる．したがって2の補数は，各ビットを反転させて，その結果に+1，つまり最下位ビットに1を加算すれば得られる．なお，ある数の各ビットを反転させた数は，その数に対する1の補数（1's complement）という．

2の補数を用いる利点は，減算を加算として実行できる点にある．実際の計算例で，それを確認してみよう．

(1) 例1：正数どうしの減算（結果が正の場合）

10進数の減算 7 − 5 を，4ビットの2の補数を用いて計算してみよう．図7.3(a)に示すように，これは被加算数7，加算数−5の加算である．図(b)のように，2の補数表現では 0111_2 と 1011_2 の加算になる．最上位でキャリーが生じるが，これは5ビット目のため無視され，計算結果は 0010_2 となる．これは10進数の2であるから，図(a)の計算結果と一致している．

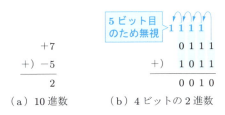

図 7.3　減算の例1

(2) 例2：正数どうしの減算（結果が負の場合）

次に，10進数の減算 5 − 7 を，4ビットの2の補数を用いて計算してみよう．図7.4(a)に示すように，これは被加算数5，加算数−7の加算である．図(b)のように，2の補数表現では 0101_2 と 1001_2 の加算になり，計算結果は 1110_2 となる．これは10進数の−2であるから，図(a)の計算結果と一致している．

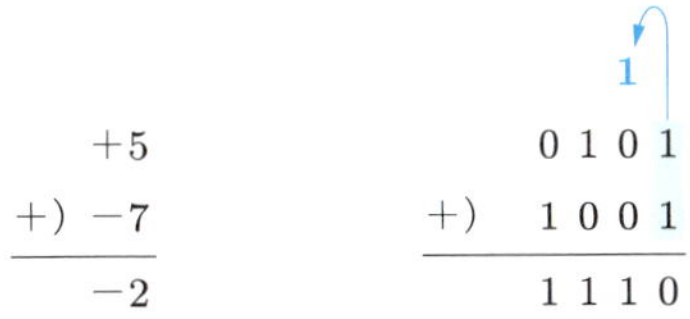

```
        +5              0101
     +) −7           +) 1001
     ─────           ──────
        −2              1110
     (a) 10進数       (b) 4ビットの2進数
```

図 7.4　減算の例2

(3) 例3：負数と正数の減算（負数どうしの加算）

最後に，10進数の減算 $-5-2$ を，4ビットの2の補数を用いて計算してみよう．図7.5(a)に示すように，これは被加算数 -5，加算数 -2 の加算である．図(b)のように，2の補数表現では 1011_2 と 1110_2 の加算になり，計算結果は 1001_2 となる．これは10進数の -7 であるから，図(a)の計算結果と一致している．

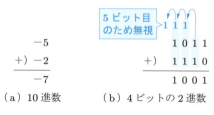

図7.5　減算の例3

7.4 加算器

2進数の加算を行う回路を，加算器（加算回路）という．ここでは，その基本となる1ビットの加算器について説明する．

7.4.1 半加算器

下位ビットからのキャリーを考えない加算器を，半加算器（half adder：HA）という．半加算器のブロック記号を図7.6に，真理値表を表7.2に示す．加算入力 X，Y と，加算出力 S，キャリー出力 C をもち，X，Y のどちらか一方だけが1のとき $S=1$ となる．また，$C=1$ となるのは，X，Y がともに1のときだけである．すなわち，以下のような計算を行う回路である．

$$0+0=00_2, \quad 0+1=01_2, \quad 1+0=01_2, \quad 1+1=10_2 \tag{7.1}$$

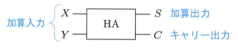

図7.6　半加算器のブロック記号

表7.2　半加算器の真理値表

入力		出力	
X	Y	S	C
0	0	0	0
0	1	1	0
1	0	1	0
1	1	0	1

真理値表から，以下の論理式が得られる．

$$S = \bar{X}Y + X\bar{Y}, \quad C = XY \tag{7.2}$$

上式を論理回路図にすると，図 7.7 のようになる．$S = \bar{X}Y + X\bar{Y} = X \oplus Y$ であるから，これは XOR ゲートを使って図 7.8 のように表すこともできる．

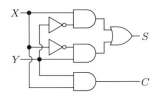
図 7.7　半加算器の論理回路図

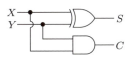
図 7.8　XOR ゲートを用いた半加算器の論理回路図

7.4.2　全加算器

半加算器は下位ビットからのキャリーを考えないので，最下位ビットの加算しか行えない．上位ビットの加算が行えるように，下位ビットからのキャリーの有無も考慮した加算器を，全加算器（full adder：FA）という．全加算器のブロック記号を図 7.9 に，真理値表を表 7.3 に示す．

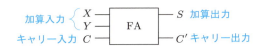
図 7.9　全加算器のブロック記号

表 7.3　全加算器の真理値表

入力			出力	
C	X	Y	S	C'
0	0	0	0	0
0	0	1	1	0
0	1	0	1	0
0	1	1	0	1
1	0	0	1	0
1	0	1	0	1
1	1	0	0	1
1	1	1	1	1

真理値表からわかるように，全加算器の加算出力 S は，$C = 0$ のときは半加算器の加算出力 $X \oplus Y$ に等しく，$C = 1$ のときはそれを反転したものである．また，全加算器のキャリー出力 $C' = 1$ となるのは，$X = Y = 1$ のとき，または $C = 1$ かつ X と Y が異なるときである．したがって，論理式は次のように表せる．

$$S = C \oplus (X \oplus Y), \quad C' = XY + C(X \oplus Y) \tag{7.3}$$

上式を論理回路図にすると，図 7.10 のようになる．破線で囲った部分は，図 7.8 に示した半加算器の構成になっている．このように，全加算器は二つの半加算器を用いて構成することができる．

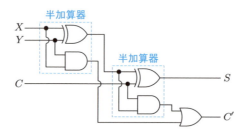

図 7.10　半加算器を用いた全加算器の論理回路図

7.5　減算器

2 進数の減算は，2 の補数を用いれば加算として行えるので，加算回路があれば減算回路は必要ない．しかし，処理の高速化などを目的として，減算専用の回路を構成することがある．

7.5.1　半減算器

下位ビットでの借り（下位ビットへの貸し出し）を考慮しない減算器を，半減算器（half subtractor：HS）という．半減算器のブロック記号を図 7.11 に，真理値表を表 7.4 に示す．被減算入力 X と減算入力 Y をもち，両者の差（difference）である減算出力 D と，上位ビットからの借り B を出力する．

真理値表から，以下の論理式が得られる．

$$D = \bar{X}Y + X\bar{Y} = X \oplus Y, \quad B = \bar{X}Y \tag{7.4}$$

上式を論理回路図にすると，図 7.12 のようになる．

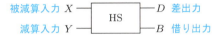

図7.11 半減算器のブロック記号

表7.4 半減算器の真理値表

入力		出力	
X	Y	D	B
0	0	0	0
0	1	1	1
1	0	1	0
1	1	0	0

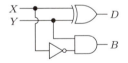

図7.12 半減算器の論理回路図

7.5.2 全減算器

下位ビットでの借りの有無を考慮した減算器を，全減算器（full subtractor：FS）という．全減算器のブロック記号を図7.13に，真理値表を表7.5に示す．被減算入力 X と減算入力 Y，下位ビットでの借り B を入力にもち，両者の差である減算出力 D と，上位ビットからの借り B' を出力する．

図7.13 全減算器のブロック記号

表7.5 全減算器の真理値表

入力			出力	
B	X	Y	D	B'
0	0	0	0	0
0	0	1	1	1
0	1	0	1	0
0	1	1	0	0
1	0	0	1	1
1	0	1	0	1
1	1	0	0	0
1	1	1	1	1

真理値表から，全減算器の減算出力 D は，$B=0$ のとき半減算器の減算出力 $X \oplus Y$ に等しく，$B=1$ のときそれを反転したものである．また，全減算器の借り出力 $B'=1$ となるのは，$X=0$ かつ $Y=1$ のとき，または $B=1$ かつ X と Y が等しいときである．したがって，論理式は次のように表せる．

$$D = B \oplus (X \oplus Y), \quad B' = \bar{X}Y + B(\overline{X \oplus Y}) \tag{7.5}$$

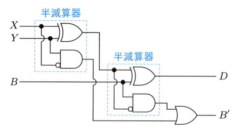

図 7.14　全減算器の論理回路図

上式を論理回路図にすると，図 7.14 のようになる．破線で囲った部分は，図 7.12 の半減算器に等しい．このように，全減算器は二つの半減算器を用いて構成できる．

7.6　並列加算回路と並列減算回路

1 ビットの 2 進数で表せる数は 0 か 1 の 2 通りしかないから，実際に計算を行うには多ビットの 2 進数での加減算が必要になる．これは，2 進数の各ビットにそれぞれ全加算器や全減算器を割り当てて計算することで実現する．図 7.15 に，4 ビットの 2 進数の加算を行う回路を示す．全加算器をビット数だけ並べた形になっていることから，並列加算回路とよばれる．

4 ビットの 2 進数 $X = [X_3 X_2 X_1 X_0]$，$Y = [Y_3 Y_2 Y_1 Y_0]$ の各ビットを，対応する全加算器の加算入力とする．キャリー入力には，それぞれ下位ビットの全加算器のキャリー出力を接続する．最下位ビットのキャリー入力 C_0 は 0 とする．各ビット

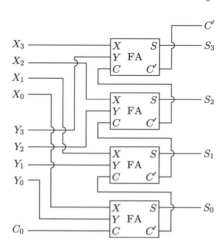

図 7.15　4 ビット並列加算回路

の全加算器の加算出力から，4 ビットの加算出力 $S = [S_3 S_2 S_1 S_0]$ が得られる．最上位ビットの全加算器のキャリー出力 C' は，次段へのキャリー入力に用いる．

このように並列加算回路は，各ビットの計算には下位ビットのキャリー出力が必要であり，最上位ビットの出力が確定するまで，すべての全加算器の遅延を合計した時間がかかる．加算するビット数が大きくなると，この遅延が問題となってくるため，キャリールックアヘッド（carry look-ahead：キャリー先読み）とよばれる回路を用いた方法が考案されている．これは，キャリーを別の回路で計算することで，処理を高速化するものである（説明は省略する）．

多ビットの減算回路は，並列加算回路の全加算器を，全減算器に置き換えれば構成できる．ただし，すでに述べたように，2 進数の減算は 2 の補数を用いた加算として実行できるため，並列加算回路を利用することが一般的である．2 の補数は，各ビットを反転し，最下位ビットに 1 を加算すれば求められる．したがって，図 7.16 に示すように，並列加算回路において引く側の加算入力を反転し，最下位ビットのキャリー入力を 1 とすれば，減算回路と同じ機能となる．図 7.17 のように，加算入力の反転と最下位ビットのキャリー入力を信号で切り替えできるようにすれば，一つの並列加算回路で加算と減算の両方が実現できる．切り替え信号が 0 のときは加算回路となり，1 のときは減算回路となる．

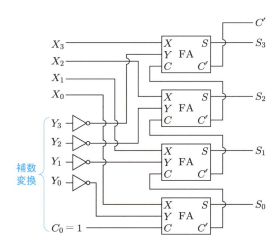

図 7.16　2 の補数加算による 4 ビット並列減算回路

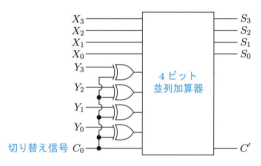

図 7.17　4 ビット並列加減算回路

演習問題

7.1 下記の 2 進数の加算を計算せよ．
(1) $100101_2 + 11_2$
(2) $100111_2 + 111_2$
(3) $101111_2 + 11000_2$

7.2 下記の 2 進数の減算を計算せよ．
(1) $10111_2 - 1_2$
(2) $10110_2 - 101_2$
(3) $10111_2 - 1001_2$

7.3 下記の 7 ビットの 2 進数の負値を，符号 + 絶対値表示，および 2 の補数表示で表せ．
(1) 0000001_2
(2) 0100000_2
(3) 0111111_2

7.4 下記の 10 進数を，2 の補数を用いた 8 ビットの 2 進数で表せ．
(1) 8_{10}
(2) -8_{10}
(3) -17_{10}

7.5 下記の 10 進数の計算を，2 の補数を用いた 7 ビットの 2 進数で行え．
(1) $3_{10} - 5_{10}$
(2) $7_{10} - 14_{10}$
(3) $-5_{10} - 7_{10}$

7.6 2 ビットの並列加算回路を構成せよ．

7.7 2 ビットの並列減算回路を，2 の補数加算で構成せよ．

8章 順序回路

　前章まで述べた組み合わせ回路と異なり，入力だけでなく，回路の内部状態にも依存して出力が決まる回路を，順序回路（sequential logic circuit）という．コンピュータをはじめとした電子機器が様々な処理を実行できるのは，この順序回路のおかげといってよい．本章では，その基本となるラッチとフリップフロップについて説明する．

8.1　順序回路の構成

　図 8.1 に，順序回路の構成を示す．一般的な組み合わせ回路と同様の入出力に加えて，回路の内部状態が，ちょうどフィードバックされるように記憶素子を介してループしている．入力と現在の内部状態の組み合わせにより，出力と次の内部状態が決まる．内部状態の更新は，クロック（clock）とよばれる入力信号に合わせて行われることが多く，そのため記憶素子は遅延素子（delay）ともよばれる．

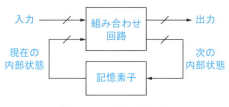

図 8.1　順序回路の構成

8.2　状態遷移図と状態遷移表

　順序回路は，新たに入力があるたびにその内部状態が更新される．この内部状態の移り変わりを図示したものを状態遷移図（state transition diagram）といい，状態遷移図に基づいて，入出力と内部状態のすべての組み合わせを表としてまとめたものを状態遷移表（state transition table）という．状態遷移表は，組み合わせ回路の設計で用いられた真理値表に相当する．

8.2.1 状態遷移図

ここでは，例としてドリンクの自動販売機の状態遷移図を考える．簡単のため，販売されているのは 200 円のドリンク 1 種類のみとする．機械は 100 円硬貨のみを 1 枚ずつ受け付け，硬貨を 2 枚投入するとただちに商品が搬出される．1 枚投入した時点で返却ボタンを押すと，投入した硬貨が戻る．

以上のような自動販売機の状態遷移図を示すと，図 8.2 のようになる．楕円は内部状態を表し，ここでは代金として投入された金額である．投入金額が 200 円になると，商品搬出とともにリセットされるので，内部状態としては 0 円か 100 円のみを考えればよい．矢印は，併記された状況における状態の遷移を表している．それぞれにおける入出力を詳しく記述すると，以下のようになる．

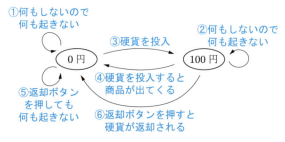

図 8.2　自動販売機の状態遷移図

- 遷移 ①，②：硬貨の投入も返却ボタンの押下もないため，商品搬出も硬貨返却も行われない．実質的には新たな入力がない状況であるが，これは同じ状態への遷移としてもとに戻る矢印で表す．
- 遷移 ③：投入金額が 0 円の状態で硬貨が投入され，投入金額が 100 円の状態に遷移する．代金 200 円には達していないため，商品搬出は行われない．返却ボタン押下は硬貨投入と同時に起きないため，硬貨返却も行われない．
- 遷移 ④：投入金額が 100 円の状態で硬貨が投入される．投入金額が 200 円に達するため，ただちに商品搬出が行われるとともに，投入金額が 0 円の状態に遷移する．返却ボタン押下は硬貨投入と同時に起きないため，硬貨返却は行われない．
- 遷移 ⑤：投入金額が 0 円の状態で返却ボタンが押下されるが，投入済みの硬貨がないため返却されない．硬貨投入は返却ボタン押下と同時に起きないため，投入金額は変化せず，商品搬出も行われない．これも同じ状態への遷移

としてもとに戻る矢印で表す．

- 遷移 ⑥：投入金額が 100 円の状態で返却ボタンが押下される．硬貨投入は返却ボタン押下と同時に起きないため，投入金額は 200 円に達することがなく，商品搬出も行われない．投入済みの硬貨が返却されるとともに，投入金額が 0 円の状態に遷移する．

これらの内部状態および入出力を，表 8.1 のような記号および論理値で表し，2 進数で符号化すると，状態遷移図は図 8.3 のようになる．

表 8.1　内部状態および入出力の符号表

種類		記号	論理値
内部状態		Q	1：100 円 0：0 円
入力	硬貨投入	A	1：あり 0：なし
	返却ボタン押下	B	
出力	商品搬出	Z_1	
	硬貨返却	Z_2	

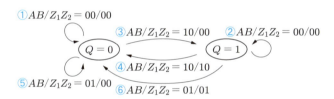

図 8.3　符号化した自動販売機の状態遷移図

8.2.2　状態遷移表と特性方程式

状態遷移表は，図 8.3 の符号化した状態遷移図から作成でき，表 8.2 のようになる．内部状態の上付き記号 n は，任意の時点であることを意味する．つまり，n 回目の遷移（n：任意）を行った直後の状態が現在の状態 Q^n であり，遷移後の次の状態は Q^{n+1} である．$A = B = 1$ である入力の組み合わせは禁止されているから，その出力と次の内部状態はドントケア項となる．このように，入出力と内部状態を符号化し，ドントケア項を含むすべての組み合わせを表すことを，状態割り当てという．

次に，組み合わせ回路における真理値表と同様に，状態遷移表から論理式を求め

表8.2　自動販売機の状態遷移表

現在の状態 Q^n	入力 A	入力 B	出力 Z_1	出力 Z_2	次の状態 Q^{n+1}
0	0	0	0	0	0
0	0	1	0	0	0
0	1	0	0	0	1
0	1	1	×	×	×
1	0	0	0	0	1
1	0	1	0	1	0
1	1	0	1	0	0
1	1	1	×	×	×

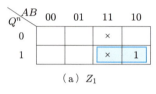
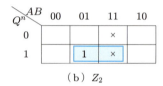

図8.4　自動販売機の出力 Z_1, Z_2 のカルノー図

る．出力 Z_1 および Z_2 は，それぞれ図8.4のカルノー図から，次のようになる．

$$Z_1 = AQ^n, \quad Z_2 = BQ^n \tag{8.1}$$

このように，現在の内部状態および入力と，出力の関係を表す式を，出力方程式（output equation）という．

最後に，次の内部状態 Q^{n+1} を出力とみなして論理式を求めると，図8.5のカルノー図から，次のようになる．

$$Q^{n+1} = A\bar{Q}^n + \bar{A}\bar{B}Q^n \tag{8.2}$$

このように，現在の内部状態および入力と，次の内部状態の関係を表す式を，特性

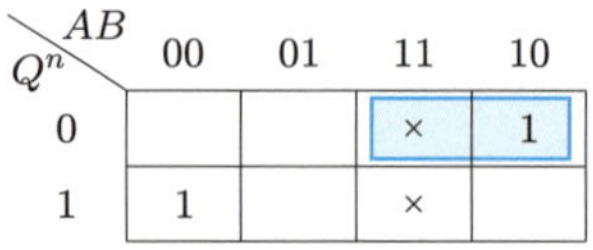

図8.5　次の内部状態 Q^{n+1} のカルノー図

方程式（characteristic equation）という．

順序回路の動作特性は，出力方程式および特性方程式の両方で表され，これらに基づいて順序回路の設計が行われる．

8.3 記憶素子（ラッチ）

順序回路に使われている記憶素子の動作原理を，図 8.6 に示す 2 段構成の NOT 回路で説明しよう．この回路では，1 周すると 2 回反転されてもとに戻るので，回路上のどの点においても，その状態は安定である．このとき，節点 A が 0（L レベル）で節点 B が 1（H レベル）という状態と，節点 A が 1 で節点 B が 0 という状態の，二つの安定状態がある．このような二つの安定状態がある回路を，双安定回路（bistable circuit）または二安定回路という．

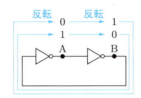

図 8.6　双安定回路（二安定回路）

図 8.6 の回路は，その各点が 0 か 1 のどちらかで安定状態となるため，2 値の記憶素子として用いられる．しかし，この回路では保持している状態の変更（情報の書き換え）ができないので，NOT ゲートの代わりに NAND ゲート（または NOR ゲート）を用いることで，状態を変更できるようにした構成が用いられる．

図 8.7 に示すように，NAND ゲートは，片方の入力が 1 であるとき他方の入力に対して NOT ゲートと等価になる．したがって図 8.6 は，図 8.8(a) のような 2 段構成の NAND 回路に置き換えられる．この回路の状態は，後述するように入力 IN_1，IN_2 の値によって変更可能である．図 8.8(a) の NAND ゲートを縦に並べて表示し，節点 A から Q を，節点 B から $\bar{Q}$ を取り出すと，図 8.8(b) のようになる．この回路をラッチ（latch）とよぶ．

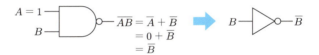

図 8.7　NOT ゲートと等価な NAND ゲート

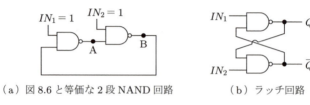

(a) 図 8.6 と等価な 2 段 NAND 回路　　(b) ラッチ回路

図 8.8　内部状態を変更可能な記憶素子（ラッチ回路）

このように，ラッチ回路は内部状態 Q とその否定 $\bar{Q}$ を出力にもつ 2 値の記憶素子である．このラッチ回路は，NAND ゲートを NOR ゲートに置き換えても構成できる．その場合，IN_1, IN_2 の論理は NAND ゲートの場合と逆になり，両者がともに 0 のとき図 8.6 と等価になる．ラッチ回路は，入力の仕方によって動作が異なる様々な種類が存在するので，順序回路の記憶素子として使用する場合には，その動作特性を理解しておく必要がある．

8.4　SR ラッチと SR フリップフロップ

8.4.1　SR ラッチ

SR ラッチは，セット・リセットラッチ（set reset latch）の略称で，ラッチ回路の入力にセット（set）入力 S とリセット（reset）入力 R を加えるものである．入力 $S = 1$ のとき出力 $Q = 1$ に，入力 $R = 1$ のときに出力 $Q = 0$ とするように構成される．図 8.9(a) は，NAND ゲートで構成した SR ラッチで，S の反転入力 $\bar{S} = 0$ で出力 $Q = 1$ になる．図 (b) は NOR ゲートで構成した SR ラッチで，$S = 1$ で出力 $Q = 1$ になるが，出力 Q の配置は NAND 型と逆になっている．

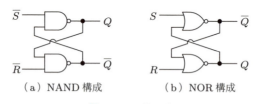

(a) NAND 構成　　(b) NOR 構成

図 8.9　SR ラッチ

図 8.10 は，図 8.9(a) の NAND 構成 SR ラッチを正論理入力になるように，入力に NOT ゲートを挿入することで $S = 1$ のとき $Q = 1$ になるように構成したものである．一方で，この図 8.10 のラッチ回路は正論理と負論理が不明瞭である．そこで，ド・モルガンの定理を用いて NAND ゲートを OR ゲートに変換し，論理

8.4 SRラッチとSRフリップフロップ　　95

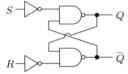

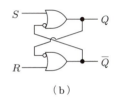

図 8.10　正論理入力の SR ラッチ　　　図 8.11　論理がわかりやすい SR ラッチ

をわかりやすくした回路を図 8.11(a)に示す．二重否定を省略すると図 8.11(b)となり，これは図 8.9(b)の NOR 構成 SR ラッチを変形した回路である．

　実際の回路では，ゲート数が少なくて済む図 8.10 の回路が用いられる．そのため，以降の説明ではこの回路を用いて動作を説明する．図 8.10 の回路において，$Q = Z_1$，$\bar{Q} = Z_2$ とおく．すると，次式が成り立つ．

$$Z_1 = \overline{\bar{S}Z_2} = \bar{\bar{S}} + \bar{Z}_2 = S + \bar{Z}_2, \quad Z_2 = \overline{\bar{R}Z_1} = \bar{\bar{R}} + \bar{Z}_1 = R + \bar{Z}_1 \quad (8.3)$$

以下，S，R の値によって場合分けして考える．

- $S = 1$，$R = 0$ のとき：

$$Z_1 = S + \bar{Z}_2 = 1 + \bar{Z}_2 = 1$$
$$Z_2 = R + \bar{Z}_1 = 0 + \bar{Z}_1 = \bar{Z}_1 = 0$$

よって，$Q = Z_1 = 1$，$\bar{Q} = Z_2 = 0$ となる．これは出力 $Q = 1$ とする操作であり，セットとよばれる（図 8.12）．

- $S = 0$，$R = 1$ のとき：

$$Z_1 = S + \bar{Z}_2 = 0 + \bar{Z}_2 = \bar{Z}_2$$
$$Z_2 = R + \bar{Z}_1 = 1 + \bar{Z}_1 = 1$$

よって，$Q = Z_1 = \bar{Z}_2 = 0$，$\bar{Q} = Z_2 = 1$ となる．これは出力 $Q = 0$ とする操作であり，リセットとよばれる（図 8.13）．

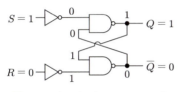 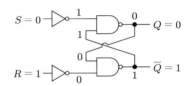

図 8.12　セット（$S = 1$，$R = 0$）　　　図 8.13　リセット（$S = 0$，$R = 1$）

- $S = 0$, $R = 0$ のとき：

$$Z_1 = S + \bar{Z}_2 = 0 + \bar{Z}_2 = \bar{Z}_2$$
$$Z_2 = R + \bar{Z}_1 = 0 + \bar{Z}_1 = \bar{Z}_1$$

よって，$Q = Z_1 = \bar{Z}_2 = \bar{\bar{Z}}_1 = Q$，$\bar{Q} = Z_2 = \bar{Z}_1 = \bar{Q}$ となる．すなわち $Q = Q$，$\bar{Q} = \bar{Q}$ ということであり，これはその時点の値を保持することを意味する（図 8.14）．

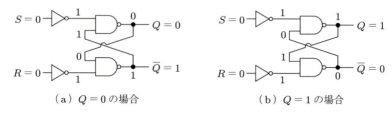

（a）$Q = 0$ の場合　　　　　（b）$Q = 1$ の場合

図 8.14　保持（$S = 0$, $R = 0$）

- $S = 1$, $R = 1$ のとき：

$$Z_1 = S + \bar{Z}_2 = 1 + \bar{Z}_2 = 1$$
$$Z_2 = R + \bar{Z}_1 = 1 + \bar{Z}_1 = 1$$

となり，$Q = \bar{Q} = 1$ となってしまう．そのため，この操作は通常禁止される．以上を状態遷移図として表すと，図 8.15(a)のようになる．左側の状態 $Q = 0$ で $S = 1$, $R = 0$ とすると，セットされて右側の状態 $Q = 1$ に遷移する．また，右側の状態 $Q = 1$ で $S = 0$, $R = 1$ とすると，リセットされて左側の状態 $Q = 0$ に遷

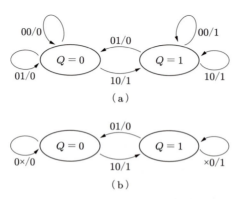

図 8.15　SR ラッチの状態遷移図

表 8.3 SR ラッチの状態遷移表

現在の状態 Q^n	入力 S	入力 R	次の状態 Q^{n+1}
0	0	0	0
0	0	1	0
0	1	0	1
0	1	1	×
1	0	0	1
1	0	1	0
1	1	0	1
1	1	1	×

移する．それ以外のとき，状態は変化せず矢印はもとの状態に戻る．図(b)は入力が0でも1でもよい場合をドントケア（×印）として簡略化した状態遷移図である．

状態遷移図に基づいて状態遷移表を作成すると，表 8.3 のようになる．したがって，カルノー図は図 8.16 となり，特性方程式が次のように求められる．

$$Q^{n+1} = S + \bar{R}Q^n \tag{8.4}$$

状態遷移表を用いれば，SR ラッチの入出力の静的な関係はわかるが，入力の変化に伴って出力（内部状態）がどのように変化していくかは把握しにくい．そこで，順序回路ではしばしば，図 8.17 のようにそれぞれの時間的な変化を図示したタイミングチャート（timing chart）が用いられる．

タイミングチャートからわかるように，SR ラッチの出力 Q は，入力 S および R が立ち上がるタイミングでセットおよびリセットされ，その後は値が保持される．区間(a)はすでにリセットされている状態であるため，R の立ち上がり入力があっても出力は変化しない．

図 8.16 SR ラッチのカルノー図

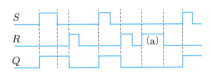

図 8.17 SR ラッチのタイミングチャート

8.4.2 同期式 SR ラッチ

ここまで述べた SR ラッチは，非同期式（asynchronous）とよばれ，入力が変化すると即座に出力が変化する．そのため，これらを組み合わせて回路を構成するには，それぞれのラッチへの入力タイミングを合わせないと，動作が不安定になってしまう．この問題を回避するために，クロック（clock）信号により制御を行う同期式（synchronous）という方法が用いられる．

図 8.18 に，同期式 SR ラッチの回路図とブロック記号を示す．非同期式 SR ラッチの入力 S，R の NOT ゲートを，クロック入力（CLK）との NAND ゲートに置き換えた構成になっている．図 8.7 で述べたように，$CLK = 1$ のときこれは S 入力，R 入力の NOT と等価であり，回路は図 8.10 に等しい．$CLK = 0$ のときは，S，R の値にかかわらず CLK との NAND は 1 になる．これは，図 8.10 において $S = 0$，$R = 0$ を入力する場合と同じであるから，出力は変化しない．すなわち，図 8.18 の回路は，$CLK = 1$ のときのみ SR ラッチとして入力を受け付け，それ以外では出力が変化しないことになる．

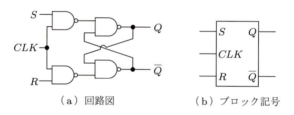

(a) 回路図　　　　　　(b) ブロック記号

図 8.18　同期式 SR ラッチ

図 8.19 に，同期式 SR ラッチのタイミングチャートを示す．$CLK = 1$ の区間 (a) と (b) では，それぞれ $S = 1$，$R = 0$ と $S = 0$，$R = 1$ を受け付けて，出力が変化する．一方，$CLK = 0$ の区間 (c) では，$S = 1$，$R = 0$ であっても出力は変化しない．

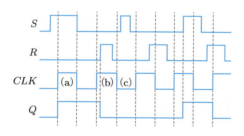

図 8.19　同期式 SR ラッチのタイミングチャート

8.4.3 SR フリップフロップ

前項で述べた同期式ラッチ回路は，$CLK = 1$ のとき入力が変化すると状態遷移するため，完全にクロックと同期させることはできない．これに対し，フリップフロップ（flip-flop：FF）は，ラッチ回路を用いて，CLK の立ち上がりもしくは立ち下がりでのみ状態が遷移するように構成された回路である[†]．

フリップフロップには，マスタースレーブ（master-slave）型とエッジトリガ（edge-trigger）型の 2 種類がある．エッジトリガ型が，入力データをクロックの立ち上がりまたは立ち下がりでフリップフロップの内部に取り込むのに対して，マスタースレーブ型は，入力信号をクロックの 0 と 1 の期間で段階的に取り込む点が異なる．

図 8.20 に，マスタースレーブ型 SR フリップフロップ（SR-FF）を示す．この回路は，SR ラッチを 2 段縦列接続しており，初段ラッチをマスターラッチ，次段ラッチをスレーブラッチという．マスタースレーブ型 SR-FF のタイミングチャートを図 8.21 に示す．

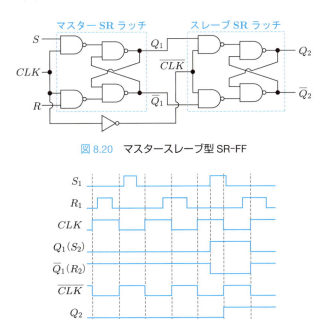

図 8.20 マスタースレーブ型 SR-FF

図 8.21 マスタースレーブ型 SR-FF のタイミングチャート

[†] なお，ラッチ回路を狭義のフリップフロップとよんで両者を区別しないこともあるが，本書では明確に区別する．

$CLK = 1$ のとき入力 S_1 または R_1 のどちらかが 1 であれば，マスターラッチの状態が遷移する．マスターラッチの出力は，$CLK = 0$（$\overline{CLK} = 1$）のときスレーブラッチに取り込まれ，$Q_1 = 1$（$S_2 = 1$）であればセット，$\overline{Q_1} = 1$（$R_2 = 1$）であればリセットとなる．このように，マスタースレーブ型フリップフロップではマスターラッチとスレーブラッチの動作する時間が分離されており，クロックが 1 の期間に入力を読み込んで内部状態が遷移し，クロックの立ち下がりで出力が変化する．これを，クロックのネガティブエッジで動作するという．SR-FF は，クロック信号のエッジで動作する点を除けば SR ラッチと同じ動作をするので，特性方程式は SR ラッチと同じとなる．

図 8.22 に，SR-FF のブロック記号を示す（ネガティブエッジ動作の場合）．図 8.18 の同期式 SR ラッチの記号と似ているが，クロック入力の表示が異なる．三角印は，クロック信号のエッジで動作することを意味しており，反転入力表示によりネガティブエッジ動作であることを表している．

図 8.22　SR-FF のブロック記号（ネガティブエッジ動作）

8.5　JK ラッチと JK フリップフロップ

8.5.1　JK ラッチ

図 8.23 に，同期式 JK ラッチの回路図を示す．以降，とくに断らない限り，ラッチ回路は同期式を基本とする．図の JK ラッチは SR ラッチと同じ構成の部分もあるが，SR ラッチでは $S = R = 1$ が禁止されていることに対し，$J = K = 1$ のと

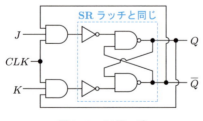

図 8.23　JK ラッチ

きも動作する機能のゲート回路が追加されている．

図 8.23 の 3 入力 AND ゲートの出力，つまり SR ラッチ部分への入力を S，R とおく．この JK ラッチの出力は，SR ラッチ部分からの出力に等しく，S および R の値によって決まる．3 入力 AND ゲートは，入力のうち一つでも 0 であれば出力 0 となるから，$CLK = 0$ のときつねに $S = 0$，$R = 0$ となる．すなわち，$CLK = 1$ のときのみ状態が遷移する．

$CLK = 1$ であるとき，次式が成り立つ．

$$S = \bar{Q}J, \quad R = QK \tag{8.5}$$

以下，J および K の値によって場合分けして考える．

- $J = 0$，$K = 0$ のとき：

$$S = \bar{Q}\cdot 0 = 0, \quad R = Q\cdot 0 = 0$$

よって，$S = 0$，$R = 0$ となり，状態は変化しない（図 8.24）．

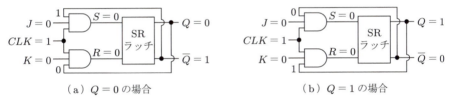

(a) $Q = 0$ の場合　　　(b) $Q = 1$ の場合

図 8.24　保持（$J = 0$，$K = 0$）

- $J = 1$，$K = 0$ のとき：

$$S = \bar{Q}\cdot 1 = \bar{Q}, \quad R = Q\cdot 0 = 0$$

よって，$Q = 1$ であれば $S = 0$，$R = 0$ となり，状態は変化しない．$Q = 0$ であれば $S = 1$，$R = 0$ となり，出力が $Q = 1$ に変化し，$S = 0$，$R = 0$ となって安定する．すなわち，セット動作となる（図 8.25）．

- $J = 0$，$K = 1$ のとき：

$$S = \bar{Q}\cdot 0 = 0, \quad R = Q\cdot 1 = Q$$

よって，$Q = 0$ であれば $S = 0$，$R = 0$ となり，状態は変化しない．$Q = 1$ であれば $S = 0$，$R = 1$ となり，出力が $Q = 0$ に変化し，$S = 0$，$R = 0$ と

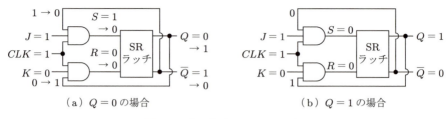

図 8.25　セット（$J = 1$, $K = 0$）

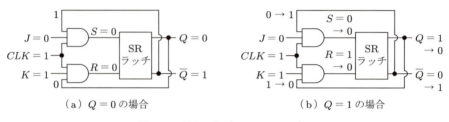

図 8.26　リセット（$J = 0$, $K = 1$）

なって安定する．すなわち，リセット動作となる（図 8.26）．

- $J = 1$, $K = 1$ のとき：

$$S = \overline{Q} \cdot 1 = \overline{Q}, \quad R = Q \cdot 1 = Q$$

よって，$Q = 0$ であれば $S = 1$, $R = 0$ となり，出力 $Q = 1$ にセットされる．$Q = 1$ であれば $S = 0$, $R = 1$ となり，出力 $Q = 0$ にリセットされる．すなわち，出力を反転させるトグル動作となる（図 8.27）．

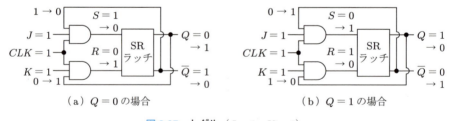

図 8.27　トグル（$J = 1$, $K = 1$）

図からもわかるように，この動作では $S = 0$, $R = 0$ とはならず，S と R の値も反転する．そのため，JK ラッチでは $CLK = 1$ の状態が長く続いた場合，出力 Q および $\overline{Q}$ が 0 と 1 を交互に繰り返す状態になる．このような状態を「発振」という．したがって，JK ラッチを単体で用いる場合には，$CLK = 1$ の期間は，ラッチ出力が所望の状態になるために必要な最小の時

8.5 JKラッチとJKフリップフロップ

間に限定する必要がある．この理由から JK ラッチが単体で用いられることは少なく，一般には次節で説明する JK フリップフロップが用いられる．

以上を状態遷移図として表すと，図 8.28(a) のようになる．左側の状態 $Q = 0$ で $J = 1$，$K = 0$ とすると，セットされて右側の状態 $Q = 1$ に遷移する．また，右側の状態 $Q = 1$ で $J = 0$，$K = 1$ とすると，リセットされて左側の状態 $Q = 0$ に遷移する．$J = 1$，$K = 1$ とすると，どちらの状態も他方の状態へと遷移する．それ以外のとき，状態は変化せず矢印はもとの状態に戻る．図(b)は，入力が 0 でも 1 でもよい場合をドントケアとして簡略化した状態遷移図である．

状態遷移図に基づいて状態遷移表を作成すると，表 8.4 のようになる．したがっ

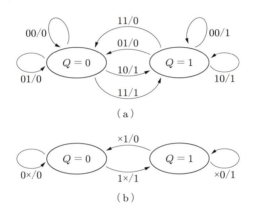

図 8.28 JK ラッチの状態遷移図

表 8.4 JK ラッチの状態遷移表

現在の状態 Q^n	入力 J	入力 K	次の状態 Q^{n+1}
0	0	0	0
0	0	1	0
0	1	0	1
0	1	1	1
1	0	0	1
1	0	1	0
1	1	0	1
1	1	1	0

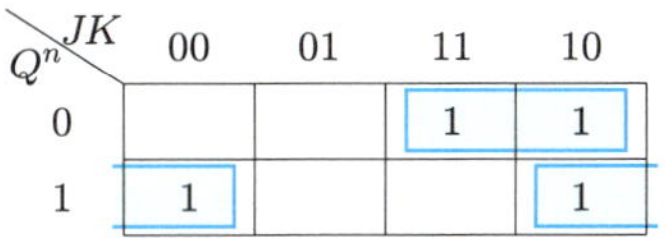

Q^n＼JK	00	01	11	10
0			1	1
1	1			1

図 8.29 JK ラッチのカルノー図

て，カルノー図は図 8.29 のようになり，特性方程式が次のように得られる．

$$Q^{n+1} = \bar{K}Q^n + J\bar{Q}^n \tag{8.6}$$

8.5.2 JK フリップフロップ

図 8.30 に，マスタースレーブ型 JK フリップフロップ（JK-FF）を示す．図 8.31 はそのタイミングチャートである．マスタースレーブ型 SR-FF と同様に，マスターラッチの状態は $CLK = 1$ のとき遷移し，それが $CLK = 0$（$\overline{CLK} = 1$）のときスレーブラッチに取り込まれて出力が変化するため，ネガティブエッジ動作を行う．JK ラッチと同様，マスターラッチの出力が $Q_1 = 1$（$J_2 = 1$）であればセット，$\bar{Q}_1 = 1$（$K_2 = 1$）であればリセットとなり，$J = K = 1$ のとき出力が反転するトグル動作となる．ただし，$J = K = 1$ のとき Q_1, $\bar{Q}_1$ は反転するが，これがスレーブラッチに取り込まれて Q_2, $\bar{Q}_2$ が反転するまで，図 8.27 のような 3 入力 AND での入力の反転は起こらない．そのため，JK ラッチとは異なり発振を防ぐことができている．

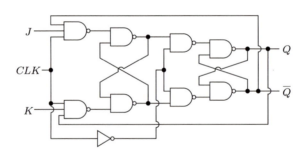

図 8.30　マスタースレーブ型 JK-FF

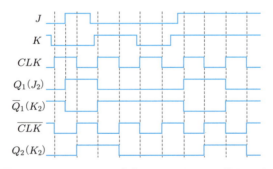

図 8.31　マスタースレーブ型 JK-FF のタイミングチャート

図 8.32 に，JK-FF のブロック記号を示す（ネガティブエッジ動作の場合）．三角印と反転入力記号により，クロック信号のネガティブエッジで動作することが表されている．なお，JK-FF は，クロック信号のエッジで動作する点を除けば JK ラッチと同じ動作をするので，特性方程式は JK ラッチと同じとなる．

図 8.32　JK-FF のブロック記号（ネガティブエッジ動作）

JK-FF は，後述する D-FF に比較して，n 進カウンタなどの順序回路を設計する際にゲート数を削減できるという利点がある．

8.6　D ラッチと D フリップフロップ

8.6.1　D ラッチ

図 8.33 に，D ラッチの回路図を示す．D ラッチは SR ラッチと同じ構成であるが，入力信号は D のみであり，その肯定を S に，その否定を R に割り当てている．したがって SR ラッチとは異なり，S と R が同時に 0 または 1 となることがない．表 8.3 より，D ラッチの状態遷移表は表 8.5 のようになる．

表からわかるように，次の状態 Q^{n+1} は，現在の状態 Q^n にかかわらず入力 D のみによって決まる．すなわち，$D = 0$ のとき出力 $Q = 0$，$D = 1$ のとき出力 $Q = 1$ である．したがって，特性方程式が次のように得られる．

$$Q^{n+1} = D \tag{8.7}$$

図 8.33　D ラッチ

表 8.5　D ラッチの状態遷移表

現在の状態	入力		次の状態
Q^n	D	$\bar{D}$	Q^{n+1}
0	0	1	0
0	1	0	1
1	0	1	0
1	1	0	1

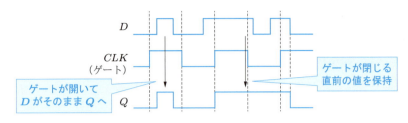

図 8.34　D ラッチのタイミングチャート

図 8.34 に，D ラッチのタイミングチャートを示す．$CLK = 1$ の期間は，出力 Q は入力 D と等しく，$CLK = 0$ の期間は，その直前の値を保持する．このように，D ラッチのクロックはラッチにデータを取り込む門のように動作することから，ゲート信号ともよばれている．

8.6.2　マスタースレーブ型 D フリップフロップ

図 8.35 に，マスタースレーブ型 D フリップフロップ（D-FF）を示す．図 8.36 はそのタイミングチャートである．ほかのマスタースレーブ型フリップフロップと同様に，マスターラッチの状態は $CLK = 1$ のとき遷移し，それが $CLK = 0$（$\overline{CLK} = 1$）のときスレーブラッチに取り込まれて出力が変化するため，ネガティ

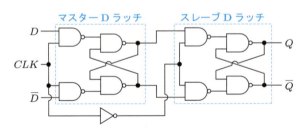

図 8.35　マスタースレーブ型 D-FF

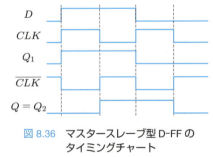

図 8.36　マスタースレーブ型 D-FF の
　　　　タイミングチャート

図 8.37　D-FF のブロック記号
　　　　（ネガティブエッジ動作）

ブエッジ動作を行う．

図 8.37 に，D-FF のブロック記号を示す（ネガティブエッジ動作の場合）．三角印と反転入力記号により，クロック信号のネガティブエッジで動作することが表されている．なお，D-FF は，クロック信号のエッジで動作する点を除けば D ラッチと同じ動作をするので，特性方程式は D ラッチと同じとなる．

8.6.3 エッジトリガ型 D フリップフロップ

エッジトリガ型フリップフロップは，マスタースレーブ型に比べて動作が複雑であり，回路構成も種類によって大きく異なる．ここでは，比較的わかりやすいエッジトリガ型 D-FF を例にとって説明する．

図 8.38 に，エッジトリガ型 D-FF を示す．ラッチ回路を三つ組み合わせた構成をしており，後述するようにポジティブエッジで動作する．NAND ゲート e および f からなるラッチは，図 8.9(a) の SR ラッチと同じ構成であり，出力 Q, $\bar{Q}$ は NAND ゲート b および c の出力 X および Y によって決まる．そこで，動作をわかりやすくするため，NAND ゲート a ～ d からなる部分のみを取り上げて図 8.39 に示すように変形し，図 8.40 のタイミングチャートに沿って回路の動作を説明する．

① ($D = 0$ かつ $CLK = 0$ の状態)：$CLK = 0$ であるから，入力 D にかかわらず $X = Y = 1$ となる．したがって，NAND ゲート e, f で構成されたラッチ回路は保持状態となり，現在の出力が維持される．図 8.40 では，$Q = 1$ であった場合を示している．また，$D = 0$, $Y = 1$ であるから $Y' = 1$ となり，$X = 1$, $Y' = 1$ となるから $X' = 0$ となる．

② ($D = 0$ のとき CLK が 0 → 1 に変化)：$D = 0$ かつ $CLK = 0$ の状態では X

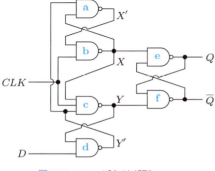

図 8.38　エッジトリガ型 D-FF

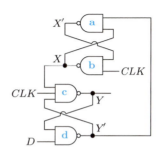

図 8.39　NAND ゲート a ～ d からなる部分

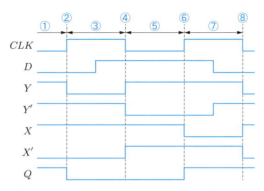

図 8.40　エッジトリガ型 D-FF のタイミングチャート

$=1$，$Y'=1$ であるから，CLK が $0 \to 1$ に変化した瞬間，NAND ゲート c への入力はすべて 1 となり，図 8.41 のように Y が $1 \to 0$ に変化する．また，その他の NAND ゲートの出力は変化しない．したがって，NAND ゲート e，f で構成されたラッチ回路への入力はリセット（$X=1$, $Y=0$）となり，出力 $Q=0$ となる．

③（リセット状態で D が $0 \to 1$ に変化）：$Y=0$ のとき，NAND ゲート d は D にかかわらず $Y'=1$ であるので変化しない．そのため，D が変化しても NAND ゲート a，b には影響がなく，$X'=0$，$X=1$ は変化しない．したがって，引き続きリセット状態で $Q=0$ が維持される．

④（リセット状態で CLK が $1 \to 0$ に変化）：CLK が $1 \to 0$ に変化した瞬間，NAND ゲート c への入力の一つが 0 になるため，図 8.42 のように Y が $0 \to 1$ に変化する．また，$D=1$，$Y=1$ であるから $Y'=0$ となり，NAND ゲート a への入力の一つが 0 となって，X' は $0 \to 1$ に変化する．$CLK=0$ であ

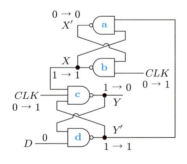

図 8.41　タイミング ② における動作

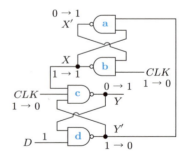

図 8.42　タイミング ④ における動作

るから，X' にかかわらず $X = 1$ は変化しない．以上から $X = Y = 1$ の保持状態となり，現在の出力 $Q = 0$ が維持される．

⑤ ($D = 1$ かつ $CLK = 0$ の状態)：$CLK = 0$ であるから，入力 D にかかわらず $X = Y = 1$ となり，現在の出力 $Q = 0$ が維持される．また，$D = 1$，$Y = 1$ であるから $Y' = 0$ となり，$X = 1$，$Y' = 0$ となるから $X' = 1$ となる．

⑥ ($D = 1$ のとき CLK が $0 \to 1$ に変化)：$D = 1$ かつ $CLK = 0$ の状態では $X' = 1$ であるから，CLK が $0 \to 1$ に変化した瞬間，図 8.43 のように NAND ゲート b への入力はすべて 1 となり，X が $1 \to 0$ に変化する．また，その他の NAND ゲートの出力は変化しない．したがって，NAND ゲート e, f で構成されたラッチ回路への入力はセット ($X = 0$, $Y = 1$) となり，出力 $Q = 1$ となる．

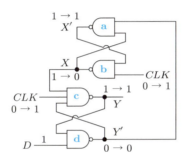

図 8.43　タイミング ⑥ における動作

⑦ (セット状態で D が $1 \to 0$ に変化)：$D = 1$，$Y = 1$ の状態から $D = 0$ になるので，NAND ゲート d の出力 Y' が $0 \to 1$ に変化するが，$X = 0$ であるから NAND ゲート a の出力は $X' = 1$ のまま変化せず，NAND ゲート b の出力 $X = 0$ も，NAND ゲート c の出力 $Y = 1$ も変化しない．したがって，引き続きセット状態で $Q = 1$ が維持される．

⑧ (セット状態で CLK が $1 \to 0$ に変化)：CLK が $1 \to 0$ に変化した瞬間，NAND ゲート c への入力の一つが 0 になるため，図 8.44 のように Y が $0 \to 1$ に変化する．$D = 0$，$Y = 1$ であるから，NAND ゲート d の出力は $Y' = 1$ のまま変化しない．$CLK = 0$ であるから，NAND ゲート b の出力 X は $0 \to 1$ に変化し，NAND ゲート a の出力 X' も $1 \to 0$ に変化する．以上から $X = Y = 1$ の保持状態となり，現在の出力 $Q = 1$ が維持される．

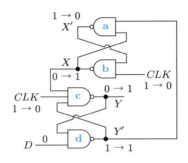

図 8.44　タイミング ⑧ における動作

　以上をまとめると，結局，CLK の立ち上がりタイミングで入力 D の値を取り込み，$D = 0$ のとき $Q = 0$ となり，$D = 1$ のとき $Q = 1$ となるポジティブエッジ動作をすることがわかる．図 8.45 に，この D-FF のブロック記号を示す．三角印により，クロック信号のポジティブエッジで動作することが表されている．エッジトリガ型 D-FF も，ポジティブエッジで動作する点を除けば D ラッチと同じ動作をするので，特性方程式は D ラッチと同じとなる．

図 8.45　D-FF のブロック記号（ポジティブエッジ動作）

8.7　T フリップフロップ

　T フリップフロップ（T-FF）は，クロック信号のみを入力にもち，その立ち上がりまたは立ち下がりで出力 Q の状態が変化（反転）する回路である．すなわち，回路はクロック信号に従ってトグル動作を繰り返す．図 8.46 には，T-FF の構成

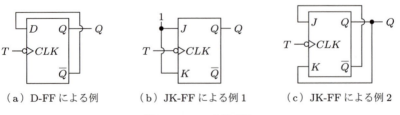

（a）D-FF による例　　　（b）JK-FF による例 1　　　（c）JK-FF による例 2

図 8.46　T-FF の構成例

例を示している．T-FF では，クロック信号を T で表す．

図(a)はマスタースレーブ型 D-FF を用いた例で，反転出力 $\bar{Q}$ が入力 D として帰還されている．8.6.2 項で述べたように，マスタースレーブ型 D-FF は，クロック $T = 1$ のとき D の値を取り込み，T のネガティブエッジにおいて，$D = 0$ なら $Q = 0$ を出力し，$D = 1$ なら $Q = 1$ を出力する．したがって，現在の出力状態が $Q = 0$（$\bar{Q} = D = 1$）であれば，次の T のネガティブエッジで出力は $Q = 1$ に変化する．また，現在の出力状態が $Q = 1$（$\bar{Q} = D = 0$）であれば，次の T のネガティブエッジで出力は $Q = 0$ に変化する．したがって，T のネガティブエッジごとに出力状態が反転するトグル動作となる．

図(b)はマスタースレーブ型 JK-FF を用いた例で，8.5.2 項で述べたように，$J = K = 1$ のときトグル動作となることを利用している．

図(c)もマスタースレーブ型 JK-FF を用いた例であるが，出力 Q を入力 K に，反転出力 $\bar{Q}$ を入力 J に帰還している．図 8.30 に示したように，もともとマスタースレーブ型 JK-FF はそのように帰還されているため，これは $QK = Q$，$\bar{Q}J = \bar{Q}$ とすることを意味し，すなわち $J = K = 1$ と等価である．したがって図(b)と同じくトグル動作をする．

図 8.47 に，T-FF のブロック記号を示す．どちらも状態遷移表は表 8.6 のようになり，特性方程式が次のように得られる．

（a）ポジティブエッジ動作　（b）ネガティブエッジ動作

図 8.47　T-FF のブロック記号

表 8.6　T-FF の状態遷移表

現在の状態 Q^n	入力 T	次の状態 Q^{n+1}
0	0	0
0	1	1
1	0	1
1	1	0

$$Q^{n+1} = \bar{T}Q^n + T\bar{Q}^n \tag{8.8}$$

図 8.48 に，クロック T と出力 Q のタイミングチャートを示す．図はポジティブエッジ動作の場合を示しているが，クロックの立ち上がり，立ち下がりは 1 周期ごとに現れ，これが出力の半周期に対応するので，ポジティブエッジ動作，ネガティブエッジ動作どちらの場合も，出力 Q の周期はクロック T の周期の 2 倍になる．すなわち，T-FF はクロック周波数を 1/2 にする分周器と同じ機能をもつ．この機能は，次章で説明する 1 桁の 2 進カウンタとも考えることができる．また，T-FF を複数段接続するだけで，2 のべき乗のカウンタが構成できる．

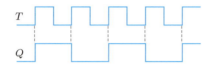

図 8.48 クロック T と出力 Q のタイミングチャート

8.8 順序回路の設計手順

8.1 節で述べたように，順序回路は，組み合わせ回路と，内部状態を記憶する記憶素子で構成される．記憶すべき内部状態の数は順序回路の目的に応じて異なるが，1 個のフリップフロップは 0 または 1 の二つの状態を記憶できるから，必要とする内部状態の数だけフリップフロップを用意することで，どのような順序回路もフリップフロップで実現できる．順序回路の設計は，以下のような手順で行う．

(1) 実現したいシステムにおける入出力信号と，内部状態およびその数を定め，システムの状態遷移図を作成する．
(2) 入出力と内部状態を符号化し，状態割り当てを行って状態遷移表を作成する．必要に応じてカルノー図を描き，設計したい順序回路の出力方程式と特性方程式を求める．
(3) 内部状態の数から必要なフリップフロップの個数を求め，使用するフリップフロップの種類を決める．
(4) 順序回路の状態遷移表に，各フリップフロップの励起表（excitation table）を連結する．励起表とは，フリップフロップが現在の状態 Q^n から次の状態 Q^{n+1} になるために，どのような入力が必要かを示すものである．
(5) 励起表を連結した状態遷移表から，必要に応じてカルノー図を描き，各フ

リップフロップの入力方程式を求める. 入力方程式とは, 各フリップフロップに入力すべき論理関数のことである.

(6) 各フリップフロップの入力方程式および順序回路の出力方程式から, 目的とする順序回路を構成する.

本章冒頭で述べた自動販売機を再び例にとって, 上記の手順を確認しよう. 手順(1), (2)は 8.2 節で説明したとおりであり, 出力方程式は式(8.1), 特性方程式は式(8.2)である. 再掲すると次のようになる.

$$Z_1 = AQ^n, \quad Z_2 = BQ^n \tag{8.9}$$

$$Q^{n+1} = A\bar{Q}^n + \bar{A}\bar{B}Q^n \tag{8.10}$$

内部状態の数は二つであるから, 必要なフリップフロップは 1 個である. ここでは, SR-FF を用いることにする. SR-FF の励起表は, 状態遷移表から求められる. SR-FF の状態遷移表は SR ラッチと等しく, 表 8.3 である. これを, 現在の状態 Q^n と次の状態 Q^{n+1} に対応する入力の組み合わせとして表す. 具体的には, 表 8.7 のようになり, これを表 8.2 の自動販売機の状態遷移表に連結すると, 表 8.8 のようになる.

表 8.7 SR-FF の励起表

現在の状態 Q^n	次の状態 Q^{n+1}	入力	
		S	R
0	0	0	×
0	1	1	0
1	0	0	1
1	1	×	0

表 8.8 から, SR-FF の S 入力, R 入力の入力方程式を求める. 図 8.49 のカルノー図から, 入力方程式が次のように得られる.

$$S = A\bar{Q}^n, \quad R = B + AQ^n \tag{8.11}$$

SR-FF の特性方程式(8.4)に上式を代入すると,

$$Q^{n+1} = S + \bar{R}Q^n = A\bar{Q}^n + (\overline{B + AQ^n})Q^n = A\bar{Q}^n + \bar{B}(\bar{A} + \bar{Q}^n)Q^n$$
$$= A\bar{Q}^n + \bar{A}\bar{B}Q^n$$

表 8.8 SR-FF の励起表を連結した自動販売機の状態遷移表

現在の状態 Q^n	入力 A	入力 B	次の状態 Q^{n+1}	SR-FF 励起表 S	SR-FF 励起表 R	出力 Z_1	出力 Z_2
0	0	0	0	0	×	0	0
0	0	1	0	0	×	0	0
0	1	0	1	1	0	0	0
0	1	1	×	×	×	×	×
1	0	0	1	×	0	0	0
1	0	1	0	0	1	0	1
1	1	0	0	0	1	1	0
1	1	1	×	×	×	×	×

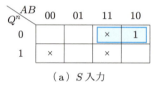

(a) S 入力

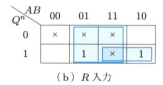

(b) R 入力

図 8.49 表 8.8 に対する SR-FF のカルノー図

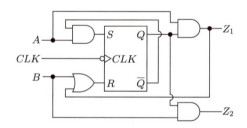

図 8.50 8.2 節の自動販売機を実現する順序回路

となり，式 (8.10) に一致する．確かに，目的の特性方程式が実現できていることがわかる．式 (8.9) および式 (8.11) から，目的の順序回路が図 8.50 のように求められる．

演習問題

8.1 組み合わせ回路と順序回路の違いを，回路の内部状態と入力の関係から説明せよ．

8.2 ラッチとフリップフロップの違いを説明せよ．

8.3 SR-FF を用いた T-FF を設計せよ．

8.4 SR-FF を用いた D-FF を設計せよ．

8.5 JK-FF を用いた D-FF を設計せよ．

9章 カウンタとレジスタ

本章では，順序回路の応用例として，カウンタとレジスタについて述べる．どちらもコンピュータで用いられる代表的な回路であり，複数のフリップフロップから構成される．とくにレジスタは，マイクロプロセッサ（MPU や CPU）内部の一時記憶装置として必要不可欠な要素になっている．

9.1 カウンタ

カウンタ（counter：計数回路）は，クロック信号などの入力回数を数え上げる回路である．入力が 1 回あるごとに出力の数値が 1 増えるアップカウンタ（up counter）と，入力が 1 回あるごとに出力の数値が 1 減るダウンカウンタ（down counter）がある．また，制御信号でアップカウント動作とダウンカウント動作を切り替えられるカウンタを，アップダウンカウンタ（up-down counter）という．

一般に，n 回目の入力で計数値が初期状態に戻るものを n 進カウンタとよぶ．前章で述べたように，T-FF はクロックパルスの入力 1 回ごとに出力が $0 \rightarrow 1 \rightarrow 0 \rightarrow \cdots$ と変化するから，2 進カウンタと考えることができる．これを 1 ビットバイナリカウンタ（1-bit binary counter）または 1 ビットカウンタ（1-bit counter）という．T-FF を複数用いれば，多ビットカウンタが構成できる．たとえば，2 ビットカウンタは 2 個の T-FF を縦列接続し，2 段とすることで構成でき，$2^2 = 4$ 進カウンタとなる．同様に，3 ビットカウンタは T-FF の 3 段接続で構成でき，$2^3 = 8$ 進カウンタとなる．このように，n 段接続の T-FF で 2^n 進カウンタが実現できる．

9.1.1 非同期式カウンタ

図 9.1 に，T-FF を用いた 8 進アップカウンタを示す．T-FF は，図 8.46(a) で示したように D-FF を用いて構成されている．前段の T-FF の出力 Q を，次段の T-FF のクロック入力として 3 段接続した構成である．回路は，クロック入力 T と，Q_0，Q_1，Q_2 からなる 3 ビットの出力をもつ．

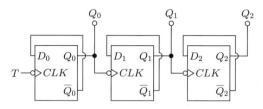

図9.1　T-FFを用いた8進アップカウンタ

入出力信号のタイミングチャートを図9.2に示す．図に記載した各出力ビットの値からわかるように，3ビットの出力 $[Q_2Q_1Q_0]$ は，[000] を初期値として，クロックパルス T が1回入力されるたびに +1 ずつ [111] までカウントアップされ，8回目のパルス入力で再び [000] に戻っている．すなわち，回路は8進カウンタとして動作している．

8進ダウンカウンタの構成例を図9.3に，そのタイミングチャートを図9.4に示

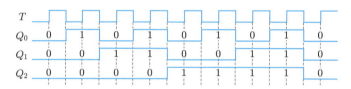

図9.2　8進アップカウンタのタイミングチャート

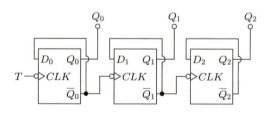

図9.3　T-FFを用いた8進ダウンカウンタ

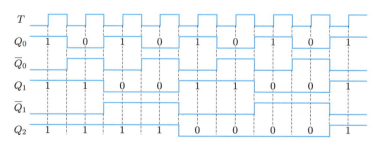

図9.4　8進ダウンカウンタのタイミングチャート

す．図 9.1 において，前段の反転出力 $\bar{Q}$ を，次段のクロック入力として 3 段接続した構成である．3 ビットの出力 $[Q_2Q_1Q_0]$ は，[111] を初期値として，クロックパルス T が 1 回入力されるたびに -1 ずつ [000] までカウントダウンされ，8 回目のパルス入力で再び [111] に戻っていることがわかる．アップカウンタとダウンカウンタの違いは，縦続接続に用いるのが Q であるか $\bar{Q}$ であるかだけなので，外部からの制御信号で経路を切り替えるようにすれば，アップダウンカウンタを構成することができる．

このように，各段のフリップフロップ出力が次々と伝搬して動作するカウンタをリプルカウンタ (ripple counter) という．次項で説明するように，この構成では各段のフリップフロップで生じる遅延時間が累積される．したがって，後段になるほど遅延が大きくなり，初段のクロック入力 T と同期しなくなる．これを非同期式カウンタ (asynchronous counter) とよぶ．

9.1.2 遅延時間の影響

5 章で述べたように，現在のディジタル回路は CMOS 構成により実現されている．ここでは例として，NAND ゲートの出力を NOT ゲートで反転する場合の CMOS 回路構成を図 9.5 に示す．実際の回路では，出力信号の変化に伴い，図に示すような MOSFET の容量を充放電する電流が流れる．この回路において，出力 $C = \overline{AB}$ が $0 \rightarrow 1 \rightarrow 0$ と変化したとする．このときの理想出力波形と，実際の出力波形の様子を図 9.6 に示す．

理想的には，出力波形は L レベルと H レベルの間を瞬時に遷移し，立ち上がり・立ち下がりは垂直である．しかし実際には，MOSFET の容量の充放電に伴い，図のように一定の傾きで出力電圧は上昇・下降する．このような変化にかかる時間が，遅延時間となって現れる．以降は説明を簡単にするため，図に示すように理想出力

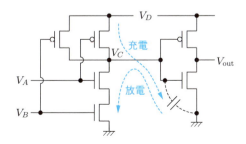

図 9.5 実際の回路で生じる MOSFET の充放電

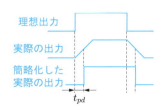

図 9.6 理想出力・実際の出力と遅延時間

波形の立ち上がりから実際の出力波形が L レベルと H レベルの中間まで上昇するのに要する時間を遅延時間 t_{pd} として，矩形波で簡略化して考える．また，信号の立ち上がりと立ち下がりで生じる遅延時間も等しいと考える．

図 9.7 のマスタースレーブ型 D-FF で生じる遅延時間を図 9.8 に示す．まず，マスター D ラッチの NAND ① の出力 A が，クロック入力 CLK より遅延時間 t_{pd} だけ遅れる．次に，マスター D ラッチの NAND ③ の出力 Q_1 が A より t_{pd} だけ遅れ，さらに NAND ④ の出力 $\bar{Q}_1$ が Q_1 より t_{pd} だけ遅れる．結局，マスター D ラッチの出力 Q_1, $\bar{Q}_1$ が確定するのは，CLK より NAND ゲート 3 個ぶんの遅延時間 $\Delta t = 3t_{pd}$ だけ遅れたタイミングであることがわかる．同様にして，スレーブ D ラッチの出力 $Q_2, \bar{Q}_2$ が確定するのは，$\overline{CLK}$ より $\Delta t = 3t_{pd}$ だけ遅れたタイミングとなる．

マスタースレーブ型 D-FF では，CLK の立ち下がりでスレーブ D ラッチが動作するので，Q_1, $\bar{Q}_1$ はそれまでに確定していなければならない．すなわち，クロックの半周期は Δt より小さくできない．これがフリップフロップの動作速度の限界

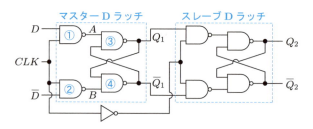

図 9.7　マスタースレーブ型 D-FF

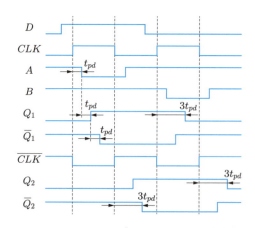

図 9.8　マスタースレーブ型 D-FF で生じる遅延時間

を決める要因となる．

図 9.2 の非同期式 8 進アップカウンタのタイミングチャートにおいて，遅延時間を考慮しない場合と考慮した場合の比較を図 9.9 に示す．図では，次段の T-FF の出力を遷移させる立ち下がりを矢印で示している．考慮しない場合は，図(a)のように ① と ② のタイミングですべての信号のエッジがそろっている．考慮した場合は，図(b)のように次段を遷移させる立ち下がり矢印ごとに Δt の遅延時間が生じるので，後段になるほど遅延時間が大きくなり，クロック T に同期しないことがわかる．

（a）遅延時間を考慮しない場合

（b）遅延時間を考慮した場合

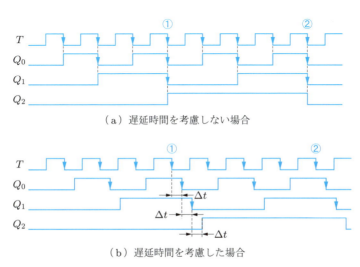

図 9.9 非同期式 8 進アップカウンタにおける遅延時間の影響

9.1.3 同期式カウンタ

すべてのフリップフロップが，クロックに同期して動作するカウンタを，同期式カウンタという．同期式 8 進アップカウンタの例を図 9.10 に，そのタイミング

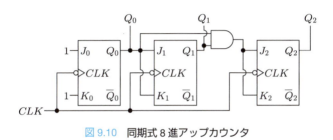

図 9.10 同期式 8 進アップカウンタ

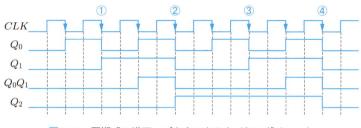

図 9.11　同期式 8 進アップカウンタのタイミングチャート

チャートを図 9.11 に示す．ここでは，ネガティブエッジ動作の JK-FF を用いた構成を示している．また，フリップフロップ 1 個ぶんの遅延時間 Δt は省略している．

初段フリップフロップは，つねに $J_0 = K_0 = 1$ が入力されているので，CLK のすべてのネガティブエッジで出力 Q_0 が反転するトグル動作を行う．2 段目のフリップフロップは，入力 $J_1 = K_1 = Q_0 = 1$ であるときの CLK のネガティブエッジ ①，②，③，④ で出力 Q_1 が反転するトグル動作を行う．3 段目のフリップフロップは，入力 $J_2 = K_2 = Q_0 Q_1 = 1$ であるときの CLK のネガティブエッジ ②，④ でトグル動作を行う．

以上から，図のように 8 進アップカウンタ動作が実現できる．Q_0，Q_1，Q_2 はそれぞれフリップフロップ 1 個の遅延時間 Δt だけ CLK に遅れるものの，どれも CLK のネガティブエッジで動作を行うため，非同期式と異なり，遅延時間が累積することがない．

この同期式カウンタを，8.8 節で述べた順序回路の設計手順に従って設計してみよう．

(1) 状態遷移図は明らかなので，その作成は省略する．

(2) 状態遷移表を作成する．カウンタはクロック信号に従って状態が変化するだけなので，表 9.1 のようになる．図 9.12 のカルノー図より，特性方程式は次のようになる．

$$Q_0^{n+1} = \bar{Q}_0^n \tag{9.1}$$

$$Q_1^{n+1} = Q_1^n \bar{Q}_0^n + \bar{Q}_1^n Q_0^n \tag{9.2}$$

$$\begin{aligned} Q_2^{n+1} &= Q_2^n \bar{Q}_0^n + Q_2^n \bar{Q}_1^n + \bar{Q}_2^n Q_1^n Q_0^n \\ &= Q_2^n (\bar{Q}_1^n + \bar{Q}_0^n) + \bar{Q}_2^n Q_1^n Q_0^n \\ &= Q_2^n \overline{Q_1^n Q_0^n} + \bar{Q}_2^n Q_1^n Q_0^n \end{aligned} \tag{9.3}$$

(3) 内部状態の数は $Q = [000] \sim [111]$ の 8 個 $= 2^3$ 個なので，フリップフロッ

表9.1 8進アップカウンタの状態遷移表

Q^n			Q^{n+1}		
Q_2^n	Q_1^n	Q_0^n	Q_2^{n+1}	Q_1^{n+1}	Q_0^{n+1}
0	0	0	0	0	1
0	0	1	0	1	0
0	1	0	0	1	1
0	1	1	1	0	0
1	0	0	1	0	1
1	0	1	1	1	0
1	1	0	1	1	1
1	1	1	0	0	0

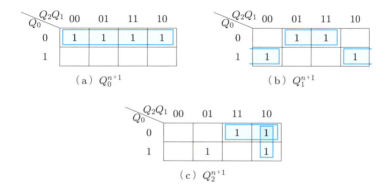

図9.12 8進アップカウンタのカルノー図

プは3個必要である．ここではJK-FFを用いる．

(4) JK-FFの励起表はJKラッチと等しく，表8.4から表9.2のようになる．これを表9.1の状態遷移表に連結すると，表9.3のようになる．

(5) 表9.3から，各JK-FFのカルノー図は図9.13〜9.15のようになり，それぞれ入力方程式が次のように得られる．

$$J_0 = K_0 = 1 \tag{9.4}$$

$$J_1 = K_1 = Q_0^n \tag{9.5}$$

$$J_2 = K_2 = Q_1^n Q_0^n \tag{9.6}$$

(6) したがって，求める回路は図9.10のようになる．JK-FFの特性方程式に，

表 9.2　JK-FF の励起表

現在の状態 Q^n	次の状態 Q^{n+1}	入力	
		J	K
0	0	0	×
0	1	1	×
1	0	×	1
1	1	×	0

表 9.3　JK-FF の励起表を連結した 8 進アップカウンタの状態遷移表

Q^n			Q^{n+1}			JK-FF 励起表					
Q_2^n	Q_1^n	Q_0^n	Q_2^{n+1}	Q_1^{n+1}	Q_0^{n+1}	J_2	K_2	J_1	K_1	J_0	K_0
0	0	0	0	0	1	0	×	0	×	1	×
0	0	1	0	1	0	0	×	1	×	×	1
0	1	0	0	1	1	0	×	×	0	1	×
0	1	1	1	0	0	1	×	×	1	×	1
1	0	0	1	0	1	×	0	0	×	1	×
1	0	1	1	1	0	×	0	1	×	×	1
1	1	0	1	1	1	×	0	×	0	1	×
1	1	1	0	0	0	×	1	×	1	×	1

Q_0 \ Q_2Q_1	00	01	11	10
0	1	1	1	1
1	×	×	×	×

（a）J_0 入力

Q_0 \ Q_2Q_1	00	01	11	10
0	×	×	×	×
1	1	1	1	1

（b）K_0 入力

図 9.13　初段 JK-FF のカルノー図

Q_0 \ Q_2Q_1	00	01	11	10
0		×	×	
1	1	×	×	1

（a）J_1 入力

Q_0 \ Q_2Q_1	00	01	11	10
0	×			×
1	×	1	1	×

（b）K_1 入力

図 9.14　2 段目の JK-FF のカルノー図

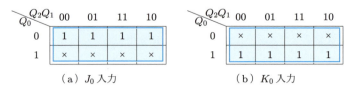

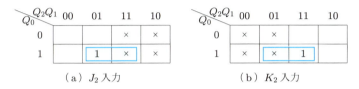

図 9.15 3段目の JK-FF のカルノー図

得られた入力方程式 (9.4) 〜 (9.6) を代入すると，

$$Q_0^{n+1} = \bar{K}_0 Q_0^n + J_0 \bar{Q}_0^n = \bar{Q}_0^n$$
$$Q_1^{n+1} = \bar{K}_1 Q_1^n + J_1 \bar{Q}_1^n = Q_1^n \bar{Q}_0^n + \bar{Q}_1^n Q_0^n$$
$$Q_2^{n+1} = \bar{K}_2 Q_2^n + J_2 \bar{Q}_2^n = Q_2^n \overline{Q_1^n Q_0^n} + \bar{Q}_2^n Q_1^n Q_0^n$$

となる．これは，8進アップカウンタの特性方程式 (9.1) 〜 (9.3) に一致している．

9.2 レジスタ

9.2.1 基本的な構成

フリップフロップは 1 ビットのデータを記憶できるので，n 個用いることで n ビットのデータを記憶できる．これをレジスタ (register) とよび，CPU や MPU の内部で一時記憶装置として用いられる．図 9.16 に，4 ビットのデータを記憶する回路の例を示す．データ $A = [A_3 A_2 A_1 A_0]$ の各ビットを，クロック CLK により 4 個の D-FF に取り込み，CLK のネガティブエッジでデータ $Z = [Z_3 Z_2 Z_1 Z_0]$ として出力する．この回路は，データの各ビットが並列に入力，並列に出力されるので，次項のシフトレジスタの分類に合わせて PIPO レジスタとよばれることもある．

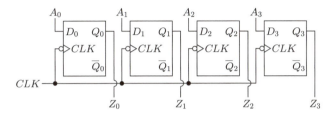

図 9.16 4 ビットのデータを記憶する回路

9.2.2 シフトレジスタ

図 9.16 のフリップフロップの入出力を縦続接続して，クロックによりフリップフロップ間をデータが移動（シフト）するようにしたレジスタを，シフトレジスタ（shift register）とよぶ．入出力の形式の組み合わせにより，シフトレジスタは以下の 4 種類に分類される．

- 直列入力直列出力形（serial-in serial-out：SISO）
- 直列入力並列出力形（serial-in parallel-out：SIPO）
- 並列入力直列出力形（parallel-in serial-out：PISO）
- 並列入力並列出力形（parallel-in parallel-out：PIPO）

なお，データの移動方向は，先頭を最上位ビットにとる場合と，最下位ビットにとる場合の 2 通りが考えられる．ここでは前者の場合として説明する．

(1) 直列入力形（SISO, SIPO）シフトレジスタ

図 9.17 に，D-FF を用いた SISO シフトレジスタを示す．入力データ A は，初段フリップフロップに 1 ビットずつ入力される．出力 Z は，4 段目のフリップフロップ出力 Q_3 として 1 ビットずつ出力される．

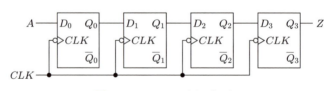

図 9.17　SISO シフトレジスタ

図 9.18 には，初期状態が $Q = [0000]$ の SISO シフトレジスタに，$A = [1001]$ が入力された場合のタイミングチャートを示す．図からわかるように，入力されたデータの各ビットは，クロックパルス入力のたびにフリップフロップの各段を順次シフトしていく．したがって，データの入力が終わってから出力がされ終わるまで

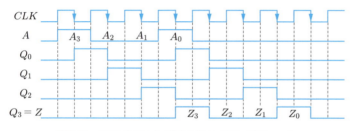

図 9.18　SISO シフトレジスタのタイミングチャート

には，フリップフロップの個数に応じたシフト時間がかかる．この形のシフトレジスタは，実際にはデータを1ビットずつ転送するだけであり，遅延素子などに利用される．記憶素子として機能させるわけではないので，データのビット数はフリップフロップの個数によって制限されない．

図 9.19 のように，SISO シフトレジスタの各フリップフロップから並列に出力を取り出せば，SIPO シフトレジスタが実現できる．SIPO シフトレジスタは，データ通信やディジタル信号処理において，シリアルデータをパラレルデータに変換する場合に用いられる．これにより多数のデータ入力端子を準備しなくても，多ビットの情報伝達が可能になる．また，$Z_0 \sim Z_3$ はそれぞれ，各フリップフロップの位置に応じて遅延する SISO シフトレジスタの出力としても用いることができる．

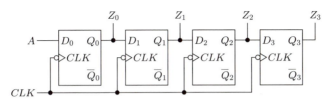

図 9.19　4 ビット SIPO シフトレジスタ

(2)　並列入力形（PISO，PIPO）シフトレジスタ

図 9.20 に，D-FF を用いた 4 ビット PISO シフトレジスタを示す．各フリップフロップに並列に入力したデータ $A = [A_3 A_2 A_1 A_0]$ を順次シフトさせ，4 段目のフリップフロップから 1 ビットずつ取り出す．したがって，並列入力となるのは入力データを各フリップフロップに書き込むときだけでなければならない．これを 2 入力マルチプレクサによる経路切り替えで実現している．

初期状態 $Q = [0000]$ で，$A = [1101]$ が入力された場合のタイミングチャートを図 9.21 に示す．選択信号 $SEL = 1$ のとき，クロックのネガティブエッジで入力データが書き込まれ，各フリップフロップから $Q_0 \sim Q_3$ として出力される．

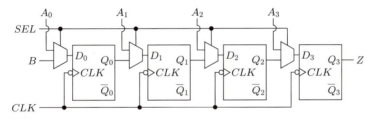

図 9.20　4 ビット PISO シフトレジスタ

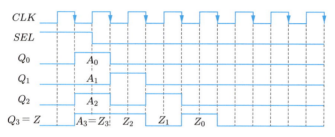

図 9.21 4 ビット PISO シフトレジスタのタイミングチャート

$A_3 = 1$ が書き込まれた 4 段目のフリップフロップの出力 Q_3 は，そのまますぐに Z_3 として取り出される．その後，$SEL = 0$ とすることで $A_2 \sim A_0$ が 1 ビットずつシフトし，$Z_2 \sim Z_0$ として順次取り出される．図 9.20 は，初段フリップフロップへの入力にも 2 入力マルチプレクサを用いており，直列入力 B をもつ SISO シフトレジスタにも切り替え可能な回路構成である．

図 9.22 は，2 入力マルチプレクサの代わりに，プリセット（PR）およびクリア（CLR）機能をもつ D-FF で構成した PISO シフトレジスタの例である．この D-FF は，$PR = 0$ で出力を強制的に 1 にし，$CLR = 0$ で出力を強制的に 0 にする．また，$PR = CLR = 1$ のときは通常の D-FF と同じ動作をする．この回路の n 段目の D-FF に入力される PR および CLR は，

$$PR_{n-1} = \overline{A_{n-1} \cdot SEL} = \overline{A_{n-1}} + \overline{SEL} \tag{9.7}$$

$$CLR_{n-1} = \overline{PR_{n-1} \cdot SEL} = \overline{PR_{n-1}} + \overline{SEL} = A_{n-1} \cdot SEL + \overline{SEL}$$
$$= A_{n-1} + \overline{SEL} \tag{9.8}$$

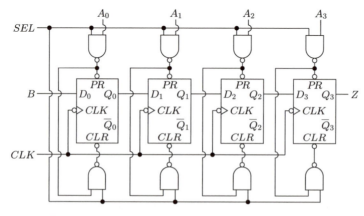

図 9.22 プリセット・クリア機能をもつ D-FF で構成した例

と表されるので，$SEL = 1$ のときは $PR_{n-1} = \bar{A}_{n-1}$，$CLR_{n-1} = A_{n-1}$ より，$Q_{n-1} = A_{n-1}$ となって並列入力になる．また，$SEL = 0$ のときは $PR_{n-1} = CLR_{n-1} = 1$ となるので，SISO シフトレジスタと同じになる．したがって，図 9.21 と同じタイミングチャートが得られる．

PISO シフトレジスタの各フリップフロップから並列に出力を取り出せば，PIPO シフトレジスタが実現できる．PIPO シフトレジスタは，バックアップ時のデータ履歴の保存や，複数のデータを同時に処理する必要がある場合などに用いられる．

(3) 乗算器・除算器

シフトレジスタを用いると，乗算器や除算器が構成できる．2 進数の乗算は，図 9.23(a)のように乗算数のビット 1 が入っている桁に合わせて被乗算数をシフトし，それらを加算すれば求められる．また，2 進数の除算は，図(b)のように被除算数より大きくならない限界まで除算数をシフトして被除算数から引き，以降も同様に，その結果より大きくならない限界まで除算数をシフトして引くことを繰り返せば求められる．したがって，乗算器や除算器は，シフトレジスタと加算器・減算器の組み合わせで構成できる．

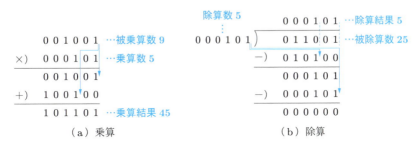

図 9.23　2 進数の乗算と除算

9.3　リングカウンタ

9.1 節で説明したカウンタは 2 進数でカウントするため，カウンタのビット数に応じたデコーダなどを要する．たとえば，あるカウント数で何らかの処理を行いたい場合，カウンタからの出力と，指定したカウント数が一致するかを比較しなければならない．6 章で述べたように，多ビットの比較器やデコーダは多くの論理ゲートを必要とするので，遅延時間が問題となる場合がある．

リングカウンタ（ring counter）は，シフトレジスタの最終段出力を初段入力として帰還させ，ビット1の位置だけでカウントを行うことで，上記のような遅延時間の問題を回避するカウンタである．図9.24に，D-FFを用いた3ビットリングカウンタの構成を示す．

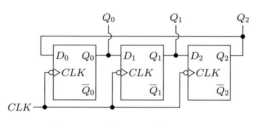

図9.24 3ビットリングカウンタ

すべてのフリップフロップの状態をいったん0にリセットした後，初段のフリップフロップを1にセットして，初期状態 $[Q_2Q_1Q_0] = [001]$ から動作を開始する．タイミングチャートを図9.25に示す．クロックごとにビット1がシフトし，3個のフリップフロップを循環する．3カウントごとに初期状態に戻る3進カウンタとなっていることがわかる．同様に，n ビットのリングカウンタは n 個のフリップフロップで構成され，n 進カウンタとなる．リングカウンタはカウント数がビット1の位置だけで決まるため，比較器やデコーダを必要としない．

リングカウンタの初期状態は，どれか一つのフリップフロップだけ1でありさえすればよいが，それ以外の状態から動作を開始してはならない．そのような状態か

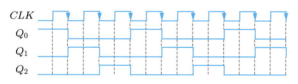

図9.25 3ビットリングカウンタのタイミングチャート

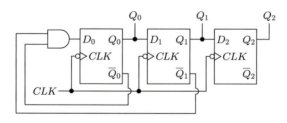

図9.26 3ビット自己補正型リングカウンタ

ら動作を開始しても，最終的に正常に動作するよう構成したリングカウンタを，自己補正型リングカウンタという．図9.26に，3ビット自己補正型リングカウンタの構成例を示す．

9.4 ジョンソンカウンタ

　リングカウンタは，フリップフロップと等しい数の状態しかとれないという欠点がある．シフトレジスタの最終段の反転出力を帰還させて，リングカウンタと同様の動作を実現しつつ，とり得る状態の数を2倍にしたものが，ジョンソンカウンタ（Johnson counter）である[†]．

　D-FFを用いた3ビットのジョンソンカウンタを図9.27に，そのタイミングチャートを図9.28に示す．初期状態 $[Q_2Q_1Q_0] = [000]$ から動作を開始させる．最終段から初段へシフトする際にビットが反転するので，1カウント目で $[000] \rightarrow [001]$ と遷移する．その後，$[111]$ となるまで下位ビットから順に1で埋まっていき，その次のカウントで $[111] \rightarrow [110]$ と遷移する．その後は下位ビットから順に0で埋まっていき，6カウント目で初期状態 $[000]$ に戻る．以上から，6進カウンタとなることがわかる．n ビットのジョンソンカウンタは n 個のフリップフロップで構成され，$2n$ 進カウンタとなる．

　ジョンソンカウンタでは，カウントごとに変化するビットはつねに1個だけであ

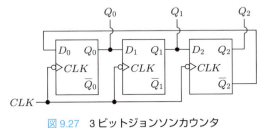

図9.27　3ビットジョンソンカウンタ

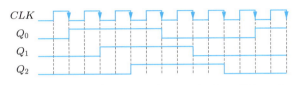

図9.28　3ビットジョンソンカウンタのタイミングチャート

[†] 米国のジョンソン（Robert Royce Johnson）によって発明された．

る．また，上位ビットが 0 の状態からのカウントでは $0 \to 1$ に，上位ビットが 1 の状態からのカウントでは $1 \to 0$ に変化する（Q_2 の上位ビットは $\bar{Q}_0$ と考える）．すなわちカウント数は，変化するビットの位置と上位ビットの値だけでわかる．このため複雑なデコーダが不要であり，ビット数に依存して遅延時間が増大することがない．

演習問題

9.1 トグル信号入力 T に対する非同期式 8 進アップカウンタを，JK-FF を用いて構成せよ．

9.2 問表 9.1 の状態遷移表をもつ同期式 3 進カウンタを，JK-FF を用いて構成せよ．

問表 9.1

Q^n		Q^{n+1}	
Q_1^n	Q_0^n	Q_1^{n+1}	Q_0^{n+1}
0	0	0	1
0	1	1	0
1	0	0	0
1	1	×	×

9.3 問題 9.2 の同期式 3 進カウンタを，D-FF を用いて構成せよ．

9.4 2 ビット SIPO シフトレジスタを，JK-FF を用いて構成せよ．

付録 XOR ゲートと XNOR ゲート

A.1 CMOS 複合ゲート構成

XOR の論理式は，

$$Z = A \oplus B = \bar{A}B + A\bar{B} = (A + B)(\bar{A} + \bar{B}) \tag{A.1}$$

であるから，PDN および PUN は，次のようになる．

$$\text{PDN}: \bar{Z} = \overline{(A + B)(\bar{A} + \bar{B})} = \overline{A + B} + \overline{\bar{A} + \bar{B}} = \overline{A + B} + AB$$
$$= AB + C \tag{A.2}$$
$$\text{PUN}: Z = (A + B)(\bar{A} + \bar{B}) = (\bar{A} + \bar{B})\bar{C} \tag{A.3}$$

ここで，$C = \overline{A + B}$ である．式(A.2)，(A.3)はそれぞれ式(5.2)，(5.3)と等しい．したがって XOR ゲートは，5.4 節に示した CMOS 複合ゲート 1 の入力 C を，入力 A，B の NOR に置き換えたものに等しく，図 A.1 のようになることがわかる．

同様に，XNOR の論理式は，式(A.2)より

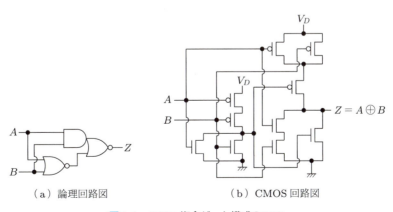

（a）論理回路図　　　　（b）CMOS 回路図

図 A.1　CMOS 複合ゲート構成の XOR

$$Z = \overline{A \oplus B} = \overline{\overline{A} + B} + AB = \overline{A}\overline{B} + AB \tag{A.4}$$

であるから，PDN および PUN は，次のようになる．

$$\text{PDN}: \quad \overline{Z} = \overline{\overline{A}\overline{B} + AB} = (A + B)\overline{AB} = (A + B)C \tag{A.5}$$

$$\text{PUN}: \quad Z = \overline{A}\overline{B} + AB = \overline{A}\overline{B} + \overline{C} \tag{A.6}$$

ここで，$C = \overline{AB}$ である．式(A.5)，(A.6)はそれぞれ式(5.5)，(5.6)と等しい．したがって XNOR ゲートは，5.4 節に示した CMOS 複合ゲート 2 の入力 C を，入力 A, B の NAND に置き換えたものに等しく，図 A.2 のようになることがわかる．

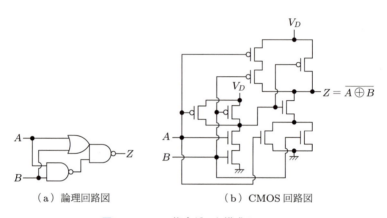

（a）論理回路図　　　　（b）CMOS 回路図

図 A.2　CMOS 複合ゲート構成の XNOR

図 A.3 は，その他の CMOS 複合ゲート構成の例である．

$$A \oplus B = \overline{A}B + A\overline{B}, \quad \overline{A \oplus B} = \overline{A}\overline{B} + AB \tag{A.7}$$

であるから，第 1 式を PUN，第 2 式を PDN として構成すれば，図(a)の XOR ゲートとなる．また，反対に第 1 式を PDN，第 2 式を PUN として構成すれば，図(b)の XNOR ゲートとなる．これらの構成では，否定入力 $\overline{A}$，$\overline{B}$ は NOT 回路を用いて生成する必要がある．CMOS 構成の NOT 回路は n-MOS と p-MOS それぞれ 1 個ずつからなるので，図 A.3 の構成で必要な MOS の数は，解図 A.1，A.2 の構成より 2 個多い 12 個となる．

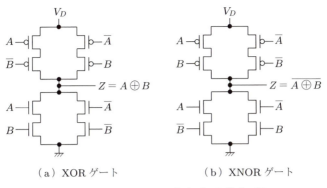

（a）XOR ゲート　　　　（b）XNOR ゲート

図 A.3　その他の CMOS 複合ゲート構成の例

A.2　CMOS トランスミッションゲート構成

図 A.4 に，CMOS トランスミッションゲートを用いた XOR ゲートの構成例を示す．青い破線で囲った CMOS トランスミッションゲート TG と，P_1 および N_1 で構成される CMOS，および A の CMOS 構成 NOT 回路からなる．出力 Z は，TG と P_1，N_1 の間からとる．

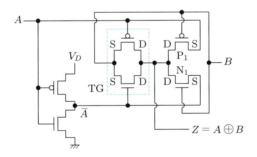

図 A.4　トランスミッションゲート構成の XOR

TG は $A = 0$ のときオン，$A = 1$ のときオフである．また，P_1，N_1 で構成される CMOS は，$A = 0$（$\bar{A} = 1$）のとき P_1 のソースが L レベル，N_1 のソースが H レベルであるためゲート信号 B にかかわらずオフとなり，$A = 1$（$\bar{A} = 0$）のとき P_1 のソースが H レベル，N_1 のソースが L レベルであるため B の NOT 回路に等しくなる．以上から，TG と P_1，N_1 で構成される CMOS は相補的に動作し，$A = 0$ のとき出力は B に等しく $Z = \bar{A}B$，$A = 1$ のとき出力は $\bar{B}$ に等しく $Z = A\bar{B}$ となる．したがって，$Z = \bar{A}B + A\bar{B} = A \oplus B$ となり，XOR ゲートとして動作

することがわかる．

　図 A.5 は，CMOS トランスミッションゲートを二つ用いて構成する例である．TG_1 と TG_2 は，オン・オフを制御する A と $\bar{A}$ が反対になっているので，相補的に動作する．$A = 0$ のとき TG_1 がオンとなるため $Z = \bar{A}B$，$A = 1$ のとき TG_2 がオンとなるため $Z = A\bar{B}$ となる．したがって，$Z = \bar{A}B + A\bar{B} = A \oplus B$ となり，XOR ゲートとして動作することがわかる．ただしこの構成では，入力 B または $\bar{B}$ が，トランスミッションゲートを介して出力と直接接続されることになる．これによる出力側からの影響を避けるため，実際にはさらに CMOS 構成の NOT 回路を介して $\bar{Z} = \overline{A \oplus B}$ とし，XNOR 回路として用いられる．

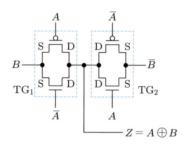

図 A.5　トランスミッションゲートを二つ用いて構成する例

135

演習問題解答

1章

1.1 $337_{10} = 3 \times 10^2 + 3 \times 10^1 + 7 \times 10^0$, $1100001_2 = 1 \times 2^6 + 1 \times 2^5 + 0 \times 2^4 + 0 \times 2^3 + 0 \times 2^2 + 0 \times 2^1 + 1 \times 2^0$

1.2 基数 2, 最上位ビットの値は 1 で重み $2^8 = 256$, 最下位ビットの値は 1

1.3 $0.1101111_2 = 1 \times 2^{-1} + 1 \times 2^{-2} + 0 \times 2^{-3} + 1 \times 2^{-4} + 1 \times 2^{-5} + 1 \times 2^{-6} + 1 \times 2^{-7} = 1 \times 0.5 + 1 \times 0.25 + 0 \times 0.125 + 1 \times 0.0625 + 1 \times 0.03125 + 1 \times 0.015625 + 1 \times 0.0078125 = 0.8671875_{10}$

1.4 図 1.4 と同様に計算すると, 次のようになる.

$0.2_{10} = 0.0011001100\cdots_2$, $0.5_{10} = 0.1_2$, $0.7_{10} = 0.1011001100\cdots_2$

2 進数では, 2 倍すると 1 が桁上がりするので, $0.2_{10} = 2 \times 0.1_{10}$ の 2 進数表示は, 式 (1.5) の右辺が 1 桁ずつ左にずれたものになっている. また, 0.7_{10} の 2 進数表示は, 0.2_{10} と 0.5_{10} の 2 進数表示の和としても求められる.

1.5 図 1.3 と同様に計算すると, $879_{10} = 1101101111_2$ となる. 2 進数表示を下位から 4 桁ずつ区切ると, $1111_2 = F_{16}$, $0110_2 = 6_{16}$, $0011_2 = 3_{16}$ なので, $879_{10} = 36F_{16}$ となる.

1.6 $D_{16} = 13_{10} = 1101_2$, $F_{16} = 15_{10} = 1111_2$ なので, $DF_{16} = 11011111_2 = 13 \times 16_1 + 15 \times 16_0 = 223_{10}$ となる.

1.7 下位から 4 桁ずつ区切ると, $0110_2 = 6_{10} = 6_{16}$, $1000_2 = 8_{10} = 8_{16}$ なので, $10000110_2 = 86_{16} = 8 \times 16_1 + 6 \times 16_0 = 134_{10}$ となる.

2章

2.1(1) $A + B\bar{B} = A$　　(2), (3)　0　　(4)　$AB(\bar{A} + \bar{B}) = AB\overline{AB} = 0$

(5)　$(1 + A + B)(C + D) = C + D$　　(6)　$(A + \bar{A})(B + C) = B + C$

(7)　$A + AB + AC = A(1 + B + C) = A$

2.2(1)

$(A + B + C)(A + \bar{B}) = A + A\bar{B} + AB + 0 + AC + \bar{B}C$

$= A(1 + \bar{B} + B + C) + BC = A + \bar{B}C$

(2)

$(A + B + C)(AB + \bar{B}C + A\bar{C})$

$= AB + A\bar{B}C + A\bar{C} + AB + 0 + AB\bar{C} + ABC + \bar{B}C + 0$

$= AB(1 + C + \bar{C}) + \bar{B}C(1 + A) + A\bar{C} = AB + \bar{B}C + A\bar{C}$

(3)　吸収則 (2.16) より明らかに成り立つ. 実際に計算すると, 次のように確かめられる.

$A\bar{B} + B = A\bar{B} + (A + \bar{A})B = A\bar{B} + AB + \bar{A}B$

136　演習問題解答

$$= A\bar{B} + AB + AB + \bar{A}B = A(B + \bar{B}) + (A + \bar{A})B = A + B$$

(4)
$$A\bar{B}\bar{C} + A\bar{B}C + AB\bar{C} + ABC = A\bar{B}(\bar{C} + C) + AB(\bar{C} + C) = A(\bar{B} + B) = A$$

(5)　分配則(2.12)より明らかに成り立つ．実際に計算すると，次のように確かめられる．
$$(\bar{A} + B)(A + B) = 0 + \bar{A}B + AB + B = B(\bar{A} + A + 1) = B$$

(6)
$$A\bar{B} + ABC = A\bar{B}(1 + C) + ABC = A\bar{B} + A\bar{B}C + ABC = A\bar{B} + AC(B + \bar{B})$$
$$= A\bar{B} + AC$$

(7)　XOR に対する AND の分配則(2.29)より明らかに成り立つ．実際に計算すると，次のように確かめられる．
$$AC \oplus \bar{B}C = \overline{AC}\bar{B}C + AC\overline{\bar{B}C} = (\bar{A} + \bar{C})\bar{B}C + AC(B + C) = \bar{A}\bar{B}C + ABC$$
$$= (\bar{A}\bar{B} + AB)C = (A \oplus \bar{B})C$$

(8)
$$(A \oplus B)B = (\bar{A}B + A\bar{B})B = \bar{A}B$$

(9)
$$(A \oplus B)(B \oplus C)(C \oplus A) = (\bar{A}B + A\bar{B})(\bar{B}C + B\bar{C})(\bar{C}A + C\bar{A})$$
$$= (\bar{A}B\bar{C} + A\bar{B}C)(\bar{C}A + C\bar{A}) = 0$$

(10)
$$AB \oplus B \oplus AC = (\overline{ABB} + AB\bar{B}) \oplus AC = ((\bar{A} + \bar{B})B) \oplus AC = \bar{A}B \oplus AC$$
$$= \overline{\bar{A}B}AC + \bar{A}B\overline{AC} = (A + \bar{B})AC + \bar{A}B(\bar{A} + \bar{C}) = AC + A\bar{B}C + \bar{A}B + \bar{A}B\bar{C}$$
$$= AC(1 + \bar{B}) + \bar{A}B(1 + \bar{C}) = \bar{A}B + AC$$

(11)
$$A \oplus B \oplus AB = A \oplus (\bar{B}AB + B\overline{AB}) = A \oplus (B(\bar{A} + \bar{B})) = A \oplus \bar{A}B$$
$$= A\overline{\bar{A}B} + \bar{A}\bar{A}B = A(A + \bar{B}) + \bar{A}B = A + A\bar{B} + \bar{A}B$$
$$= A(1 + B) + A\bar{B} + \bar{A}B = A(1 + \bar{B}) + B(A + \bar{A}) = A + B$$

(12)
$$\overline{A \oplus B} = \overline{\bar{A}B + A\bar{B}} = \overline{\bar{A}B}\ \overline{A\bar{B}} = (A + \bar{B})(\bar{A} + B) = AB + \bar{A}\bar{B}$$

2.3(1)
$$Z = AB + BC + AC = AB(C + \bar{C}) + BC(A + \bar{A}) + AC(B + \bar{B})$$
$$= ABC + AB\bar{C} + ABC + \bar{A}BC + ABC + A\bar{B}C$$
$$= ABC + \bar{A}BC + A\bar{B}C + AB\bar{C}$$

(2)　分配則(2.12)より，$Z = (\bar{A} + B)(B + \bar{C}) = \bar{A}\bar{C} + B$ であるから，次のようになる．
$$Z = \bar{A}(B + \bar{B})\bar{C} + (A + \bar{A})(C + \bar{C})B$$
$$= \bar{A}B\bar{C} + \bar{A}\bar{B}\bar{C} + (AC + A\bar{C} + \bar{A}C + \bar{A}\bar{C})B$$
$$= ABC + AB\bar{C} + \bar{A}BC + \bar{A}B\bar{C} + \bar{A}\bar{B}\bar{C}$$

演習問題解答　137

2.4(1)〜(4)　解表 2.1〜2.4

解表 2.1

A	B	Z
0	0	1
0	1	1
1	0	1
1	1	0

解表 2.2

A	B	Z
0	0	1
0	1	0
1	0	0
1	1	0

解表 2.3

A	B	C	Z
0	0	0	1
0	0	1	0
0	1	0	1
0	1	1	0
1	0	0	1
1	0	1	0
1	1	0	1
1	1	1	0

解表 2.4

A	B	$\overline{A+B}$	$\overline{A}\overline{B}$	$\overline{AB}$	$\overline{A}+\overline{B}$
0	0	1	1	1	1
0	1	0	0	1	1
1	0	0	0	1	1
1	1	0	0	0	0

3章

3.1(1)〜(7)　解図 3.1〜3.7
3.2　解図 3.8 または解図 3.9

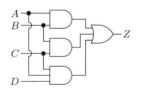

解図 3.1

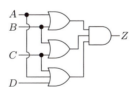

解図 3.2

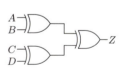

解図 3.3

解図 3.4

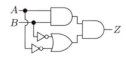

解図 3.5

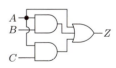

解図 3.6

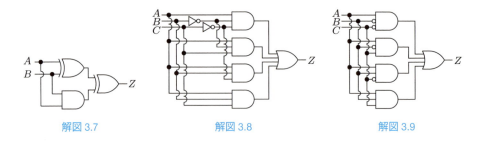

解図 3.7　　　　　　　　解図 3.8　　　　　　　　解図 3.9

4章

4.1(1)　吸収則を，式(2.16)，(2.14)の順に用いる．次のようになる．
$Z = A + \bar{A}B + BC = A + B + BC = A + B$

(2)　$\bar{A} + \bar{C} = D$ とおく．次のようになる．
$Z = (B + D)(\bar{B} + D) = BD + \bar{B}D + D = D = \bar{A} + \bar{C}$

(3)　展開すると，
$Z = (A + \bar{C})(\bar{A} + B + C) = AB + AC + \bar{A}\bar{C} + B\bar{C} = B(A + \bar{C}) + AC + \bar{A}\bar{C}$
となる．ここで，吸収則(2.16)より，$A + \bar{C} = A + \bar{A}\bar{C} = \bar{C} + AC$ であるから，以下のように 2 通りに簡単化できる．

$Z = \begin{cases} B(A + \bar{A}\bar{C}) + AC + \bar{A}\bar{C} \\ B(\bar{C} + AC) + AC + \bar{A}\bar{C} \end{cases} = \begin{cases} AB + AC + (B + 1)\bar{A}\bar{C} \\ B\bar{C} + (B + 1)AC + \bar{A}\bar{C} \end{cases} = \begin{cases} AB + AC + \bar{A}\bar{C} \\ B\bar{C} + AC + \bar{A}\bar{C} \end{cases}$

(4)　交換則により項の順番を入れ替えて，分配則(2.12)を用いる．次のようになる．
$Z = (A + B)(\bar{B} + C)(A + \bar{C}) = (A + B)(A + \bar{C})(\bar{B} + C) = (A + B\bar{C})(\bar{B} + C)$
$= A\bar{B} + AC$

4.2(1)　カルノー図は解図 4.1 のようになる．各グループは，① A，② $\bar{C}D$ とまとめられる．よって，$Z = A + \bar{C}D$ となる．

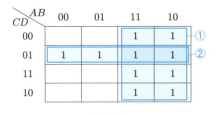

解図 4.1　　　　　　　　　　　　　解図 4.2

(2)　カルノー図は解図 4.2 のようになる．各グループは，① A，② C，③ D とまとめられる．よって，$Z = A + C + D$ となる．

(3)　カルノー図は解図 4.3 のようになる．各グループは，① $\bar{B}\bar{D}$，② BD，③ $\bar{C}\bar{D}$ とまとめられる．よって，$Z = \bar{B}\bar{D} + BD + \bar{C}\bar{D}$ となる．

演習問題解答　　139

CD＼AB	00	01	11	10
00	1	1 ③	1	1 ①
01		1	1	
11		1 ②	1	
10	1			1

解図 4.3

(4) カルノー図は解図 4.4 のようになる．各グループは，① $\bar{A}BC$，② $\bar{A}CD$，③ $A\bar{B}\bar{C}\bar{E}$，④ $A\bar{C}D$ とまとめられる．よって，$Z = \bar{A}BC + \bar{A}CD + A\bar{B}\bar{C}\bar{E} + A\bar{C}D$ となる．

DE＼ABC	000	001	011	010	110	111	101	100
00			1					1 ③
01			1 ①					
11		1 ②	1		1			1
10		1	1		1			1 ④

解図 4.4

(5) 与式を展開すると，
$Z = (A + \bar{B})(B + \bar{C})(C + \bar{D}) = (AB + A\bar{C} + \bar{B}\bar{C})(C + \bar{D})$
$= ABC + AB\bar{D} + A\bar{C}\bar{D} + \bar{B}\bar{C}\bar{D}$

となる．カルノー図は解図 4.5 のようになる．各グループは，① ABC，② $\bar{B}\bar{C}\bar{D}$，③ $AB\bar{D}$ または $A\bar{C}\bar{D}$ とまとめられる．よって，$Z = ABC + AB\bar{D} + \bar{B}\bar{C}\bar{D}$ または $Z = ABC + A\bar{C}\bar{D} + \bar{B}\bar{C}\bar{D}$ となる．

解図 4.5　　　　　　　　　　解図 4.6

(6) 式の形から B, D は $B + D = E$ という一つの変数であるとみなせる．展開すると，
$Z = (A + C)(E + \bar{C}) = AE + A\bar{C} + CE$

となる．カルノー図は解図 4.6 のようになる．各グループは，① $A\bar{C}$，② CE とまとめられる．よって，$Z = A\bar{C} + CE = A\bar{C} + C(B + D) = A\bar{C} + BC + CD$ となる．

4.3 カルノー図は解図 4.7 のようになる．各グループは，① $\bar{A}C$，② $A\bar{C}D$，③ $A\bar{B}\bar{D}\bar{E}$

$\overset{\textstyle ABC}{DE}$	000	001	011	010	110	111	101	100	
00		1	1				1	×	③
01		×	1						①
11		×	1		1			1	②
10		1	1		1			1	

解図 4.7

とまとめられる．よって，$Z = \bar{A}C + A\bar{C}D + A\bar{B}D\bar{E}$ となる．

4.4 与式を主加法標準形にすると，

$Z = \bar{A}B\bar{C} + \bar{A}BCD + \bar{A}\bar{B}D + AB\bar{C}$

$= \bar{A}B\bar{C}(D + \bar{D}) + \bar{A}BCD + \bar{A}\bar{B}(C + \bar{C})D + AB\bar{C}(D + \bar{D})$

$= \bar{A}B\bar{C}D + \bar{A}B\bar{C}\bar{D} + \bar{A}BCD + \bar{A}\bar{B}CD + \bar{A}\bar{B}\bar{C}D + AB\bar{C}D + AB\bar{C}\bar{D}$

となる．主項の導出過程を解図 4.8 に，主項表を解表 4.1 に示す．最終的に，$Z = \bar{A}D + B\bar{C}$ が得られる．

解図 4.8

解表 4.1

最小項	主項	
	$\bar{A}D$	$B\bar{C}$
$\bar{A}B\bar{C}\bar{D}$		●
$\bar{A}B\bar{C}D$	●	
$\bar{A}BCD$	○	○
$\bar{A}\bar{B}CD$	●	
$AB\bar{C}\bar{D}$		●
$\bar{A}\bar{B}\bar{C}D$	●	
$AB\bar{C}D$		●

4.5 与式を展開して主加法標準形にすると，

$Z = (A + B)(\bar{B} + C)(\bar{C} + D) = (A\bar{B} + AC + BC)(\bar{C} + D)$

$= A\bar{B}\bar{C} + A\bar{B}D + ACD + BCD$

$= A\bar{B}\bar{C}(D + \bar{D}) + A\bar{B}(C + \bar{C})D + A(B + \bar{B})CD + (A + \bar{A})BCD$

$= A\bar{B}\bar{C}D + A\bar{B}\bar{C}\bar{D} + A\bar{B}CD + ABCD + \bar{A}BCD$

となる．主項の導出過程を解図 4.9 に示す．ドントケア項は，最小項の前に「×」を付けて表記してある．ドントケア項を除いて主項表を作成すると，解表 4.2 のようになる．最終的に，$Z = A\bar{B} + BCD$ が得られる．

演習問題解答　141

肯定変数の数	最小項			
1	$A\bar{B}\bar{C}\bar{D}$ [1000]	$A\bar{B}\bar{C}$	$A\bar{B}$	
2	$A\bar{B}\bar{C}D$ [1001]	$A\bar{B}\bar{D}$	$\cancel{A\bar{B}}$	
	× $A\bar{B}C\bar{D}$ [1010]	$A\bar{B}D$	AC	
	$A\bar{B}CD$ [1011]	$A\bar{B}C$	$\cancel{AC}$	
3	$\bar{A}BCD$ [0111]	$AC\bar{D}$		
	× $ABC\bar{D}$ [1110]	ACD		
4	$ABCD$ [1111]	BCD		
		ABC		

解図 4.9

解表 4.2

最小項	主項		
	$A\bar{B}$	AC	BCD
$A\bar{B}\bar{C}\bar{D}$	●		
$A\bar{B}\bar{C}D$	●		
$A\bar{B}CD$	●	○	
$\bar{A}BCD$			●
$ABCD$		○	●

5章

5.1(1)　解図 5.1　　(2)　解図 5.2

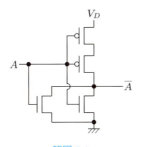

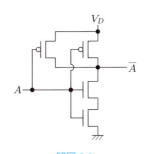

解図 5.1　　　　　　　　　解図 5.2

(3)　ド・モルガンの法則から，$AB = \overline{\overline{AB}} = \overline{\bar{A} + \bar{B}}$ であるので，解図 5.3 のようになる．

(4)　ド・モルガンの法則から，$A + B = \overline{\overline{A + B}} = \overline{\bar{A}\bar{B}}$ であるので，解図 5.4 のように

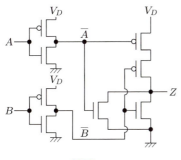

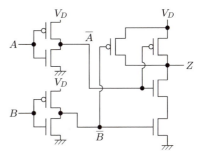

解図 5.3　　　　　　　　　解図 5.4

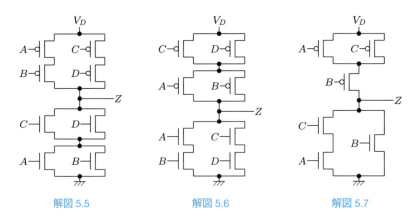

解図 5.5　　　　　解図 5.6　　　　　解図 5.7

なる．

5.2 (1) 解図 5.5　　(2) 解図 5.6

(3) $Z = \overline{(A+B)(B+C)} = \overline{AB + AC + B + BC} = \overline{AC + B(A+1+C)} = \overline{B + AC}$

から，解図 5.7 のようになる．

6 章

6.1, 6.2 解図 6.1, 6.2 のようになる．それぞれ ①〜③ より，式 (6.10)，(6.11) の第 1 〜 3 項が得られる．

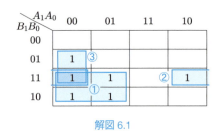
解図 6.1

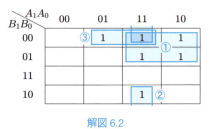
解図 6.2

6.3 解図 6.3

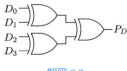
解図 6.3

6.4 出力 $\bar{a} \sim \bar{g}$ のカルノー図は，それぞれ解図 6.4(a) 〜 (g) となる．① $D_2\bar{D}_1\bar{D}_0$，② $D_2\bar{D}_1D_0$，③ $D_2D_1\bar{D}_0$，④ $\bar{D}_2D_1\bar{D}_0$，⑤ $D_2\bar{D}_1\bar{D}_0$，⑥ $D_2D_1\bar{D}_0$，⑦ D_0，⑧ $D_2\bar{D}_1$，⑨ $\bar{D}_2D_1$，⑩ $\bar{D}_3\bar{D}_2\bar{D}_0$，⑪ $\bar{D}_3\bar{D}_2\bar{D}_1$，⑫ $D_2D_1D_0$ とまとめられることから，式 (6.17) のよう

に簡単化できる.

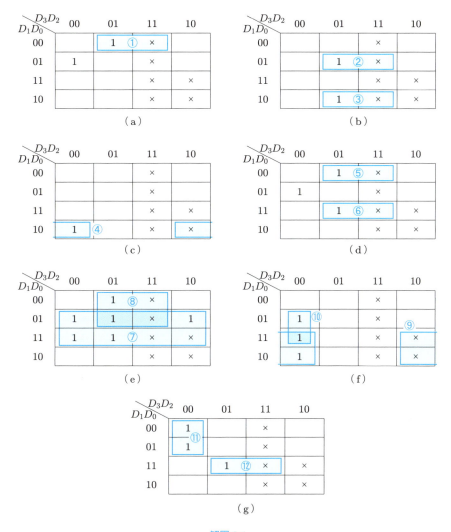

解図 6.4

7章

7.1 解図 7.1

```
   1 0 0 1 0 1          1 0 0 1 1 1          1 0 1 1 1 1
+)       1 1         +)       1 1 1      +)     1 1 0 0 0
─────────────         ─────────────        ─────────────
   1 0 1 0 0 0          1 0 1 1 1 0          1 0 0 0 1 1 1
       (1)                  (2)                  (3)
```

解図 7.1

7.2 解図 7.2

```
     1 0 1 1 1          1 0 1 1 0            1 0 1 1 0
  −)         1        −)     1 0 1         −)   1 0 0 1
  ─────────────       ─────────────         ─────────────
     1 0 1 1 0          1 0 0 0 1              1 1 0 1
       (1)                (2)                    (3)
```

解図 7.2

7.3 (1) 符号 + 絶対値：1000001，2 の補数：1111111
(2) 符号 + 絶対値：1100000，2 の補数：1100000
(3) 符号 + 絶対値：1111111，2 の補数：1000001

7.4 (1) 00001000 (2) 11111000 (3) 11101111

7.5 解図 7.3

```
   0 0 0 0 1 1          0 0 0 0 1 1 1         1 1 1 1 0 1 1
+) 1 1 1 1 0 1 1     +) 1 1 1 0 0 1 0      +) 1 1 1 1 0 0 1
─────────────         ───────────────        ───────────────
   1 1 1 1 1 1 0        1 1 1 1 0 0 1         1 1 1 0 1 0 0
       (1)                  (2)                   (3)
```

解図 7.3

7.6 解図 7.4

7.7 解図 7.5

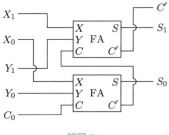

解図 7.4

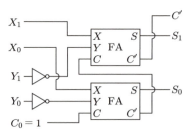

解図 7.5

8章

8.1 組み合わせ回路は，入力されたデータの組み合わせだけで出力状態が決定される．順序回路は，入力だけでなく現在の回路の内部状態にも影響されて次の出力状態が決まる．一般に順序回路は，組み合わせ回路と記憶素子で構成されており，記憶素子で保存した現在の内部状態を入力側にフィードバックすると同時に，新たな入力と合わせて組み合わせ回路に入力して，次の状態を出力するものである．

8.2 ラッチ回路は，1 と 0 という二つの安定状態がある双安定回路を基本として，外部から状態（情報）を変更可能にした回路である．ラッチ回路は，クロックがアクティブ（たとえば 1）のときデータ入力が変化すると状態遷移するため，完全にクロックと同期させることはできない．これに対し，フリップフロップは，ラッチ回路を用いて，クロックの立ち上がりもしくは立ち下がりでのみ状態が遷移するように構成された回路である．

8.3 表 8.6 の T-FF の状態遷移表に，表 8.7 の SR-FF の励起表を連結すると，解表 8.1 のようになる．解図 8.1 のカルノー図から，SR-FF の入力方程式が $S = T\bar{Q}^n$, $R = TQ^n$ と得られる．したがって，求める回路は解図 8.2 のようになる（SR-FF はネガティブエッジ動作でもよい）．SR-FF の特性方程式に得られた入力方程式を代入すると，

$$Q^{n+1} = S + \bar{R}Q^n = T\bar{Q}^n + \overline{TQ^n}Q^n = T\bar{Q}^n + (\bar{T} + \bar{Q}^n)Q^n = T\bar{Q}^n + \bar{T}Q^n$$

となり，T-FF の特性方程式に一致する．

解表 8.1

現在の状態 Q^n	入力 T	次の状態 Q^{n+1}	SR-FF 励起表 S	R
0	0	0	0	×
0	1	1	1	0
1	0	1	×	0
1	1	0	0	1

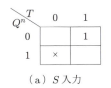
(a) S 入力

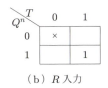
(b) R 入力

解図 8.1

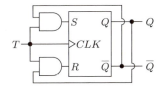

解図 8.2

8.4 D-FF の状態遷移表は D ラッチと等しく，表 8.5 である．これに表 8.7 の SR-FF の励起表を連結すると，解表 8.2 のようになる．解図 8.3 のカルノー図から，SR-FF の入力方程式が $S = D$, $R = \bar{D}$ と得られる．したがって，求める回路は解図 8.4 のようになる（SR-FF はネガティブエッジ動作でもよい）．SR-FF の特性方程式に得られた入力方

解表 8.2

現在の状態 Q^n	入力 D	次の状態 Q^{n+1}	SR-FF 励起表 S	R
0	0	0	0	×
0	1	1	1	0
1	0	0	0	1
1	1	1	×	0

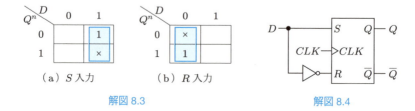

(a) S 入力　　(b) R 入力

解図 8.3　　　　　　　　　解図 8.4

程式を代入すると，
$$Q^{n+1} = S + \bar{R}Q^n = D + \bar{\bar{D}}Q^n = D + DQ^n = D$$
となり，D-FF の特性方程式に一致する．

8.5 D-FF の状態遷移表は D ラッチと等しく，表 8.5 である．JK-FF の励起表は JK ラッチと等しく，表 8.4 から解表 8.3 のようになる．これを D-FF の状態遷移表に連結すると，解表 8.4 のようになる．解図 8.5 のカルノー図から，JK-FF の入力方程式が $J = D$，$K = \bar{D}$ と得られる．したがって，求める回路は解図 8.6 のようになる（JK-FF はネガティブエッジ動作でもよい）．JK-FF の特性方程式に得られた入力方程式を代入すると，
$$Q^{n+1} = \bar{K}Q^n + J\bar{Q}^n = \bar{\bar{D}}Q^n + D\bar{Q}^n = DQ^n + D\bar{Q}^n = D$$
となり，D-FF の特性方程式に一致する．

解表 8.3

現在の状態 Q^n	次の状態 Q^{n+1}	入力 J	K
0	0	0	×
0	1	1	×
1	0	×	1
1	1	×	0

演習問題解答 147

解表 8.4

現在の状態 Q^n	入力 D	次の状態 Q^{n+1}	JK-FF 励起表 J	K
0	0	0	0	×
0	1	1	1	×
1	0	0	×	1
1	1	1	×	0

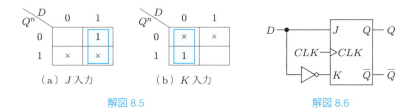

解図 8.5　　　　　　　　　　解図 8.6

9 章

9.1 JK-FF は $J = K = 1$ のときトグル動作となるので，たとえば解図 9.1 のように構成できる．

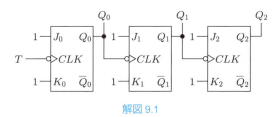

解図 9.1

9.2 9.1.3 項の設計手順と同様に行う．JK-FF の励起表を連結した 3 進カウンタの状態遷移表は解表 9.1 のようになり，解図 9.2 のカルノー図から，特性方程式が次のように得られる．

$Q_0^{n+1} = \bar{Q}_1^n \bar{Q}_0^n, \quad Q_1^{n+1} = Q_0^n$

各 JK-FF のカルノー図は解図 9.3, 9.4 のようになり，入力方程式が $J_0 = \bar{Q}_1^n$, $K_0 = 1$ および $J_1 = Q_0^n$, $K_1 = 1$ と得られる．したがって，求める回路は解図 9.5 のようになる．JK-FF の特性方程式に，得られた入力方程式を代入すると，

$Q_0^{n+1} = \bar{K}_0 Q_0^n + J_0 \bar{Q}_0^n = \bar{Q}_1^n \bar{Q}_0^n$

$Q_1^{n+1} = \bar{K}_1 Q_1^n + J_1 \bar{Q}_1^n = \bar{Q}_1^n Q_0^n = \bar{Q}_1^n Q_0^n + Q_1^n Q_0^n = Q_0^n$

となり，3 進カウンタの特性方程式に一致する．なお，状態遷移表より $Q_1^n Q_0^n = 0$ であることを利用した．

解表 9.1

Q^n		Q^{n+1}		JK-FF 励起表			
Q_1^n	Q_0^n	Q_1^{n+1}	Q_0^{n+1}	J_1	K_1	J_0	K_0
0	0	0	1	0	×	1	×
0	1	1	0	1	×	×	1
1	0	0	0	×	1	0	×
1	1	×	×	×	×	×	×

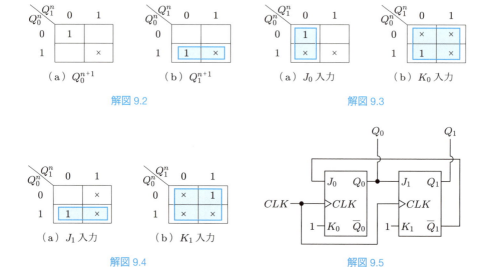

(a) Q_0^{n+1}　　(b) Q_1^{n+1}

解図 9.2

(a) J_0 入力　　(b) K_0 入力

解図 9.3

(a) J_1 入力　　(b) K_1 入力

解図 9.4

解図 9.5

9.3 D-FF の励起表は状態遷移表の Q^{n+1} と等しいから，解答 9.2 で求めた 3 進カウンタの特性方程式において $Q^{n+1} = D$ と置き換えれば，D-FF の入力方程式が得られる．したがって，$D_0 = \bar{Q}_1^n \bar{Q}_0^n$ および $D_1 = Q_0^n$ となり，求める回路は解図 9.6 のようになる．

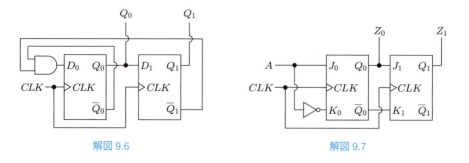

解図 9.6

解図 9.7

9.4 図 9.19 に示した SIPO シフトレジスタの 2 段目までを用いて，解図 8.6 に示したように D-FF を JK-FF に置き換えればよい．したがって，求める回路は解図 9.7 のようになる．

索 引

英 数

1 の補数　81
1 ビットカウンタ　115
1 ビットバイナリカウンタ　115
2 進化 10 進数　73
2 進数　2
2 進数の加算　78
2 進数の減算　79
2 の補数　80
7 セグメント表示装置　75
10 進数　2
16 進数　6
AD 変換　7
AND 演算　13
BCD　72
CMOS　52
D-FF　106
D ラッチ　105
FA　83
FF　99
FS　85
HA　82
HS　84
JK-FF　104
JK ラッチ　100
LSB　4
MIL 規格　29
MIL 論理記号　29
MOSFET　49
NOT 演算　14
MSB　4
n 型 MOSFET　49
OR 演算　14
PDN　55
PIPO　124
PISO　124
PUN　55
p 型 MOSFET　49
QM 法　44
SIPO　124
SISO　124
SR-FF　99

SR ラッチ　94
T-FF　110
T フリップフロップ　110
XOR 演算　26

あ 行

アップカウンタ　115
アップダウンカウンタ　115
アナログ信号　1
アナログ‐ディジタル変換　7
エッジトリガ　99
エンコーダ　72
エンハンスメント型　50
重み　3

か 行

カウンタ　115
加算回路　82
加算器　82
画素　10
カルノー図　37
完全系　22
基数　3
奇数パリティ　70
記数法　3
キャリー　79
キャリー先読み　87
キャリールックアヘッド　87
吸収則　20
偶奇性　70
偶数パリティ　70
組み合わせ回路　62
クロック　89
クワイン‐マクラスキー法　44
計数回路　115
桁上がり　78
桁上げ　79
結合則　21
ゲート　50
交換則　19
コンパレータ　67

さ 行

最下位ビット　4
最上位ビット　4
最小項　24
最大項　25
サンプリング　8
しきい値電圧　50
シフトレジスタ　124
主加法標準形　24
主項　46
主項表　46
主乗法標準形　25
出力方程式　92
循環小数　5
順序回路　89
状態遷移図　89
状態遷移表　89
ジョンソンカウンタ　129
真理値　13
真理値表　13
正論理　30
セット・リセットラッチ　94
全加算器　83
全減算器　85
双安定回路　93
双対性　24
相補型 MOS　52
ソース　50

た 行

タイミングチャート　97
ダウンカウンタ　115
遅延素子　89
直列入力直列出力形　124
直列入力並列出力形　124
ディプレッション型　50
デコーダ　72
データセレクタ　62
デマルチプレクサ　62
同一則　18
同期式　98
同期式カウンタ　119
特性方程式　92

索引

ド・モルガンの法則　22
トランスミッションゲート
　60
ドレイン　50
ドントケア　44

な 行

ナイキスト周波数　9
二重否定　22

は 行

排他的論理和　26
バックゲート　50
パリティ　70
パリティビット　70
半加算器　82
半減算器　84
比較器　67
ピクセル　10
ビット　4
否定　14
非同期式　98
非同期式カウンタ　117
標本化　8

標本化定理　9
復号器　72
複合ゲート　57
複合命題　13
符号化　8
符号器　72
符号理論　11
フリップフロップ　99
ブール代数　12
負論理　30
分配則　19
並列入力直列出力形　124
並列入力並列出力形　124
べき等則　18
ベン図　22
補元の関係　18

ま 行

マスタースレーブ　99
マスタースレーブ型 D フリッ
　プフロップ　106
マスタースレーブ型 JK フリッ
　プフロップ　104
マスタースレーブ型 SR フリッ

　プフロップ　99
マルチプレクサ　62
命題　12
命題論理　12

ら 行

リプルカウンタ　117
量子化　8
リングカウンタ　128
励起表　112
レジスタ　123
論理演算　12
論理関数　16
論理ゲート　29
論理積　13
論理素子　29
論理の整合　32
論理変数　16
論理和　14

わ 行

和　78

著者略歴

前多　正（まえだ・ただし）
1983 年　豊橋技術科学大学電気電子工学専攻修了
1983 年　日本電気株式会社
1999 年　日本電気株式会社光無線デバイス研究所主任研究員
2006 年　日本電気株式会社デバイスプラットフォーム研究所主幹研究員
2010 年　ルネサスエレクトロニクス株式会社
2015 年　芝浦工業大学工学部教授
2024 年　退職
　　　　現在に至る
　　　　博士（工学），2005 ～ 2010 年 International Solid State Circuit Conference（ISSCC）
　　　　ワイヤレスプログラム委員，2018 年電子情報通信学会英文論文誌(A)小特集プログ
　　　　ラム編集委員長などを歴任．専門はアナログ RF 回路設計．所属学会：米国電気電
　　　　子学会（IEEE），電子情報通信学会

ディジタル電子回路

2025 年 3 月 3 日　第 1 版第 1 刷発行

著者　　　前多　正

編集担当　富井　晃（森北出版）
編集責任　宮地亮介（森北出版）
組版　　　コーヤマ
印刷　　　丸井工文社
製本　　　　　同

発行者　　森北博巳
発行所　　森北出版株式会社
　　　　　〒102-0071　東京都千代田区富士見 1-4-11
　　　　　03-3265-8342（営業・宣伝マネジメント部）
　　　　　https://www.morikita.co.jp/

©Tadashi Maeda, 2025
Printed in Japan
ISBN978-4-627-79251-7

MEMO

MEMO